高等职业教育"十二五"规划教材

电工电子技术及应用

主　编　程珍珍
副主编　许国强　马卫超　唐明涛

北京理工大学出版社
BEIJING INSTITUTE OF TECHNOLOGY PRESS

内 容 简 介

本书是作者在系统地总结多年教改和教学经验的基础上编写的，共有 12 个项目。具体内容为：电工技术基础篇，包括基本直流电路部分、正弦交流电路部分、磁路与变压器部分、三相交流电路部分、异步电动机及其控制部分；电子技术基础篇，包括半导体及其常用器件部分、基本放大电路部分、组合逻辑电路部分等。本书内容简明扼要、深浅适度、重点突出、理论联系实际，知识点全面，例题丰富，每个项目都有适当数量的习题。

本书可作为高职高专院校机械制造、机电一体化、数控及其相关专业电工电子技术课程的教材，也可供相关工程技术人员阅读参考。

图书在版编目（CIP）数据

电工电子技术及应用／程珍珍主编 . —北京：北京理工大学出版社，2015. 10
ISBN 978-7-5682-1375-2

Ⅰ. ①电…　Ⅱ. ①程…　Ⅲ. ①电工技术-高等职业教育-教材②电子技术-高等职业教育-教材　Ⅳ. ①TM②TN

中国版本图书馆 CIP 数据核字（2015）第 240044 号

出版发行／北京理工大学出版社有限责任公司
社　　址／北京市海淀区中关村南大街 5 号
邮　　编／100081
电　　话／（010）68914775（总编室）
　　　　　（010）82562903（教材售后服务热线）
　　　　　（010）68948351（其他图书服务热线）
网　　址／http：//www.bitpress.com.cn
经　　销／全国各地新华书店
印　　刷／三河市华骏印务包装有限公司
开　　本／787 毫米×1092 毫米　1/16
印　　张／14
字　　数／326 千字
版　　次／2015 年 10 月第 1 版　2015 年 10 月第 1 次印刷
定　　价／35.00 元

责任编辑／陈莉华
文案编辑／陈莉华
责任校对／周瑞红
责任印制／马振武

前言

　　电工电子技术是高职高专工科院校的专业基础课程，是一门实用性很强的学科，也是电气自动化技术、汽车制造、汽车电子、数控维修、矿山机电类等专业学科的先修课程。本书的编写是以电子信息技术、电气自动化技术、机电一体化等专业学生的就业为导向，根据行业专家及企业技术人员对专业所涵盖的岗位群进行的工作任务和职业能力分析，以电工电子信息技术专业岗位具备的能力为依据，紧密结合职业资格证书对电工电气技能的要求，确定项目模块化的课程内容。在编写过程中，力求讲清基本概念，分析准确，减少数理论证，做到深入浅出，通俗易懂。本书在编写时注意突出以下几点：

　　（1）本书分为电工技术和电子技术两部分，条理清晰，从而更加便于老师根据不同的侧重点教学，也便于学生学习。

　　（2）本书在项目化编写中设计了项目目标、项目情境、理论知识、实践知识、项目实施、习题及拓展训练等模块，突出知识的实用性。

　　（3）概念描述言简意赅，文字表述逻辑清晰，使学生易于理解、记忆。考虑到学生的能力培养和学习基础，尽量进行举例说明问题，并与实际应用相结合，在此基础之上进行理论说明。

　　（4）每个项目的实施均采取由浅入深的原则，符合高职学生的学习认知规律。

　　（5）本书编写力求以实用为目的，对重要知识进行归纳，并配有适量针对性习题，便于练习巩固所学知识。为加强实践环节，采用任务驱动的项目化教学，引导学生自主创新，激发学生的学习积极性和动手能力，加强学生的应用能力培养。

　　本书共有 12 个项目。具体内容包括：电工技术基础篇，包括基本直流电路部分、正弦交流电路部分、磁路与变压器部分、三相交流电路部分、异步电动机及其控制部分；电子技术基础篇，包括半导体及其常用器件部分、基本放大电路部分、组合逻辑电路部分等。

　　本书由运城职业技术学院程珍珍担任主编，许国强、马卫超、唐明涛担任副主编。其中项目一～项目三由马卫超编写，项目四、项目五、项目十二由程珍珍编写，项目六～项目八由唐明涛编写，项目九～项目十一由许国强编写。

　　由于编者的教学经验和学术水平有限，且时间比较仓促，书中疏漏之处在所难免，恳请专家、读者批评指正。

编　者

目录 Contents

项目一　汽车照明电路的制作与检测

以 19 世纪第二次工业革命中发电机的问世为标志，人类跨入电气时代，从此电能便成了人类文明的基石，人们甚至很难想象没有电能的世界会变成什么样子，所以掌握电路相关知识就显得尤为重要。本项目以汽车前大灯照明电路为例介绍直流电的基本理论和分析方法，以期初步掌握电路的基本理论和分析方法。

1.1　项 目 目 标

知识目标

掌握直流电路的基本理论和分析方法。

能力目标

掌握基尔霍夫定律及其应用，学会运用支路电流法分析计算复杂直流电路。

情感目标

培养学生使用电路理论分析和解决问题的能力。

1.2　项 目 情 境

图 1-1 所示照明电路是汽车照明电路，为汽车的重要电路之一，在各种车辆中得到了广泛的应用。由于汽车上不方便取得 220 V 交流电，且为了简化结构，保证安全，电路采用直流蓄电池电路供电。所以，要想理解此电路的工作原理，学生必须要掌握直流电路的基本理论和理解各种电路元件的作用。本章将对以上内容进行详细介绍。

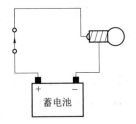

图 1-1　汽车照明电路原理图

1.3　理　论　知　识

1.3.1　直流电路

一、直流电路的基本概念

1. 电路

电路是由各种元器件为实现某种应用目的、按一定方式连接而成的电流流动的通道。复杂的电路亦可称为网络。

根据电路的作用，电路可分为两类：（1）用于实现电能的传输和转换的电路；（2）用于进行电信号的传递和处理的电路。

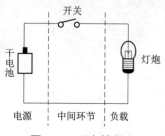

图 1-2　手电筒电路

根据电源提供的电流不同，电路还可以分为直流电路和交流电路两种。

综上所述，电路主要由电源、负载和中间环节等三部分组成，如图 1-2 所示手电筒电路即为一简单的电路组成。电源是提供电能或信号的设备，负载是消耗电能或输出信号的设备；电源与负载之间通过中间环节相连接。为了保证电路按不同的需要完成工作，在电路中还需加入适当的控制元件，如开关、主令控制器等。

2. 电路模型

电路是由电特性相当复杂的元器件组成的，为了便于使用数学方法对电路进行分析，可将电路实体中的各种电气设备和器件用一些能够表征它们主要电磁特性的模型来代替，而对它实际上的结构、材料、形状等非电磁特性不予考虑，这种模型就是理想元件。如电阻元件就是电阻器、电炉子等实际电路元器件的理想元件，即"模型"，反映这些器件消耗电能的特征。同理，一定条件下，"电感元件"是电磁线圈的理想元件，"电容元件"是电容器的理想元件。

由理想元件构成的电路叫作实际电路的电路模型，也叫作实际电路的电路原理图，简称电路图。例如，图 1-3（b）所示的是图 1-3（a）手电筒电路的电路模型。

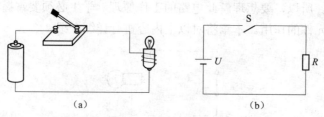

（a）　　　　　　　　　　　　　　　　（b）

图 1-3　电路及其模型

（a）实际电路；（b）电路图

二、电路的基本物理量

电路中的物理量主要包括电流、电压、电位、电动势以及功率等。

1. 电流及其参考方向

带电质点的定向移动形成电流。

电流的大小等于单位时间内通过导体横截面的电荷量。电流的实际方向习惯上是指正电荷移动的方向。

电流分为两类：一类是大小和方向均不随时间变化，称为恒定电流，简称直流，用 I 表示；另一类是大小和方向均随时间变化，称为交变电流，简称交流，用 i 表示。

对于直流电流，单位时间内通过导体横截面的电荷量是恒定不变的，其大小为

$$I = \frac{Q}{t} \tag{1-1}$$

对于交流，若在一个无限小的时间间隔 dt 内，通过导体横截面的电荷量为 dq，则该瞬间的电流为

$$i = \frac{dq}{dt} \tag{1-2}$$

在国际单位制（SI）中，电流的单位是安培（A）。

在复杂电路中，电流的实际方向有时难以确定。为了便于分析计算，便引入电流参考方向的概念。

所谓电流的参考方向，就是在分析计算电路时，先任意选定某一方向，作为待求电流的方向，并根据此方向进行分析计算。若计算结果为正，说明电流的参考方向与实际方向相同；若计算结果为负，说明电流的参考方向与实际方向相反。图 1-4 表示了电流的参考方向（图中实线所示）与实际方向（图中虚线所示）之间的关系。

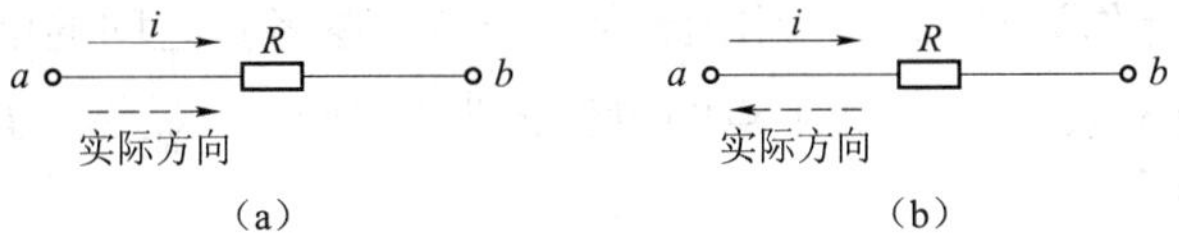

图 1-4 电流参考方向与实际方向

(a) $i>0$；(b) $i<0$

例 1.1 如图 1-5 所示，电流的参考方向已标出，并已知 $I_1=-1\,A$，$I_2=1\,A$，试指出电流的实际方向。

解： $I_1=-1\,A<0$，则 I_1 的实际方向与参考方向相反，应由点 B 流向点 A。

$I_2=1\,A>0$，则 I_2 的实际方向与参考方向相同，由点 B 流向点 A。

图 1-5 例 1.1 的图

2. 电压及其参考方向

在电路中，电场力把单位正电荷（q）从 a 点移到 b 点所做的功（w）就称为 a、b 两点间的电压，也称电位差，记为

$$u_{ab} = \frac{dw}{dq} \tag{1-3}$$

3

对于直流，则为

$$U_{AB} = \frac{W}{Q}$$

（1-4）

电压的单位为伏特（V）。

电压的实际方向规定从高电位指向低电位，其方向可用箭头表示，也可用"＋""－"极性表示，如图1-6所示。若用双下标表示，如 U_{ab} 表示 a 指向 b。显然 $U_{ab} = -U_{ba}$。值得注意的是电压总是针对两点而言的。

图 1-6 电压参考方向的设定

和电流的参考方向一样，也需设定电压的参考方向。电压的参考方向也是任意选定的，当参考方向与实际方向相同时，电压值为正；反之，电压值则为负。

例 1.2 如图1-7所示，电压的参考方向已标出，并已知 $U_1 = 1\,V$，$U_2 = -1\,V$，试指出电压的实际方向。

解： $U_1 = 1\,V > 0$，则 U_1 的实际方向与参考方向相同，由 A 指向 B。

$U_2 = -1\,V < 0$，则 U_2 的实际方向与参考方向相反，应由 A 指向 B。

图 1-7 例 1.2 的图

3. 电位

在电路中任选一点作为参考点，则电路中某一点与参考点之间的电压称为该点的电位。

电位用符号 V 或 v 表示。例如 A 点的电位记为 V_A 或 v_A。显然，$V_A = U_{AO}$，$v_A = u_{AO}$。电位的单位是伏特（V）。

电路中的参考点可任意选定。当电路中有接地点时，则以地为参考点。若没有接地点时，则选择较多导线的汇集点为参考点。在电子线路中，通常以设备外壳为参考点。参考点用符号"⊥"表示。

有了电位的概念后，电压也可用电位来表示，即

$$\left. \begin{array}{l} U_{AB} = V_A - V_B \\ u_{AB} = v_A - v_B \end{array} \right\}$$

（1-5）

因此，电压也称为电位差。

还需指出，电路中任意两点间的电压与参考点的选择无关。即对于不同的参考点，虽然各点的电位不同，但任意两点间的电压始终不变。

例 1.3 图1-8所示的电路中，已知各元件的电压为：$U_1 = 10\,V$，$U_2 = 5\,V$，$U_3 = 8\,V$，$U_4 = -23\,V$。若分别选 B 点与 C 点为参考点，试求电路中各点的电位。

解： 选 B 点为参考点，则 $V_B = 0$

$$V_A = U_{AB} = -U_1 = -10\,（V）$$

$$V_C = U_{CB} = U_2 = 5\,（V）$$

$$V_D = U_{DB} = U_3 + U_2 = 8 + 5 = 13\,（V）$$

选 C 点为参考点，则

$$V_C = 0$$
$$V_A = U_{AC} = -U_1 - U_2 = -10 - 5 = -15（V）$$

或

$$V_A = U_{AC} = U_4 + U_3 = -23 + 8 = -15（V）$$
$$V_B = U_{BC} = -U_2 = -5（V）$$
$$V_D = U_{DC} = U_3 = 8（V）$$

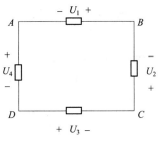

图 1-8　例 1.3 的图

4. 电动势

电源力把单位正电荷由低电位点 B 经电源内部移到高电位点 A 克服电场力所做的功，称为电源的电动势。电动势用 E 或 e 表示，即

$$\left.\begin{array}{l} E = \dfrac{W}{Q} \\[2mm] e = \dfrac{\mathrm{d}w}{\mathrm{d}q} \end{array}\right\} \tag{1-6}$$

电动势的单位也是伏特（V）。

电动势与电压的实际方向不同，电动势的方向是从低电位指向高电位，即由"–"极指向"+"极，而电压的方向则从高电位指向低电位，即由"+"极指向"–"极。此外，电动势只存在于电源的内部。

5. 功率

单位时间内电场力或电源力所做的功，称为功率，用 P 或 p 表示。即

$$\left.\begin{array}{l} P = \dfrac{W}{T} \\[2mm] p = \dfrac{\mathrm{d}w}{\mathrm{d}t} \end{array}\right\} \tag{1-7}$$

若已知元件的电压和电流，功率的表达式则为

$$\left.\begin{array}{l} P = UI \\[2mm] p = ui \end{array}\right\} \tag{1-8}$$

功率的单位是瓦特（W）。

当电流、电压为关联参考方向时，式（1-8）表示元件消耗能量。若计算结果为正，说明电路确实消耗功率，为耗能元件。若计算结果为负，说明电路实际产生功率，为供能元件。

当电流、电压为非关联参考方向时，则式（1-8）表示元件产生能量。若计算结果为正，说明电路确实产生功率，为供能元件。若计算结果为负，说明电路实际消耗功率，为耗能元件。

例 1.4　（1）在图 1-9（a）中，若电流均为 2 A，$U_1 = 1$ V，$U_2 = -1$ V，求该两元件消耗或产生的功率。（2）在图 1-9（b）中，若元件产生的功率为 4 W，求电流 I。

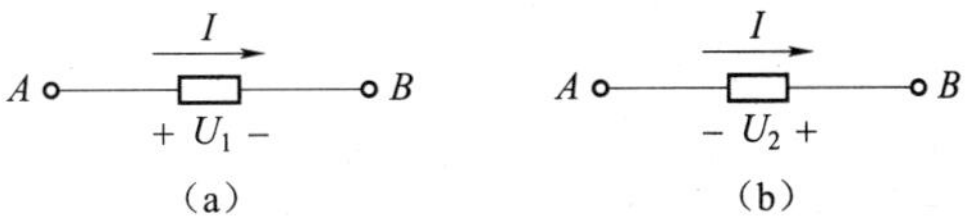

（a）　　　　　　　　（b）

图 1-9　例 1.4 图

解：（1）对图 1-9（a），电流、电压为关联参考方向，元件消耗的功率为

$$P=U_1I=1\times2=2（W）>0$$

表明元件消耗功率，为负载。

对图 1-9（b），电流、电压为非关联参考方向，元件产生的功率为

$$P=U_2I=(-1)\times2=-2（W）<0$$

表明元件消耗功率，为负载。

（2）因图 1-9（b）中电流、电压为非关联参考方向，且是产生功率，故

$$P=U_2I=4（W）$$

$$I=\frac{4}{U_2}=\frac{4}{-1}=-4（A）$$

负号表示电流的实际方向与参考方向相反。

三、电路的工作状态

电路在不同的工作条件下，会处于不同的状态，并具有不同的特点。电路的工作状态有三种：开路状态、短路状态和负载状态。

1. 开路状态（空载状态）

在图 1-10 所示电路中，当开关 K 断开时，电源则处于开路状态。开路时，电路中电流为零，电源不输出能量，电源两端的电压称为开路电压，用 U_{OC} 表示，其值等于电源电动势 E，即

$$U_{OC}=E$$

2. 短路状态

在图 1-11 所示电路中，当电源两端由于某种原因短接在一起时，电源则被短路。短路电流 $I_{SC}=\dfrac{E}{R_0}$ 很大，此时电源所产生的电能全被内阻 R_0 所消耗。

短路通常是严重的事故，应尽量避免发生，为了防止短路事故，通常在电路中接入熔断器或断路器，以便在发生短路时迅速切断故障电路。

3. 负载状态（通路状态）

电源与一定大小的负载接通，称为负载状态。这时电路中流过的电流称为负载电流，如图 1-12 所示。负载的大小是以消耗功率的大小来衡量的。当电压一定时，负载的电流越大，则消耗的功率亦越大，则负载也越大。

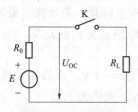

图 1-10　开路状态

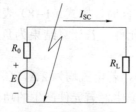

图 1-11　短路状态

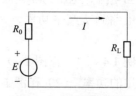

图 1-12　负载工作状态

为使电气设备正常运行，在电气设备上都标有额定值，额定值是生产厂为了使产品能在给定的工作条件下正常运行而规定的正常允许值。一般常用的额定值有：额定电压、额定电

流、额定功率，用 U_N、I_N、P_N 表示。

需要指出，电气设备实际消耗的功率不一定等于额定功率。当实际消耗的功率 P 等于额定功率 P_N 时，称为满载运行；若 $P<P_N$，称为轻载运行；而当 $P>P_N$ 时，称为过载运行。电气设备应尽量在接近额定的状态下运行。

1.3.2　电阻元件、电感元件和电容元件

一、电阻元件

1. 电阻

电阻元件是对电流呈现阻碍作用的耗能元件，例如灯泡、电热炉等电器。国际单位制（SI）中，电阻（R）的单位为欧姆（Ω）。常用电阻器如图1-13所示。

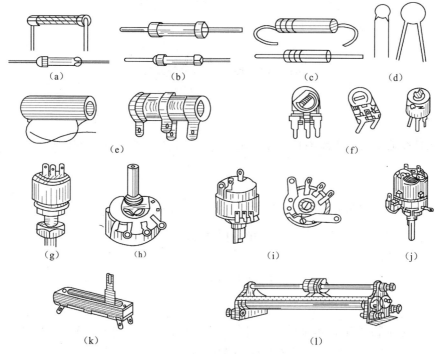

图1-13　电阻器

导体的电阻不仅和导体的材质有关，而且还和导体的尺寸有关。实验证明，同一材料导体的电阻和导体的截面积成反比，而和导体的长度成正比。

我们常常把电阻的倒数称为电导，用字母 G 来表示，即

$$G=\frac{1}{R} \tag{1-9}$$

国际单位制（SI）中，电导 G 的单位为西门子（S）。

2. 电阻的伏安特性

对于线性电阻元件，其特性方程为：

$$u=Ri（u、i\text{为关联参考方向}） \tag{1-10}$$

$$u=-Ri（u、i\text{为非关联参考方向}） \tag{1-11}$$

　　可以把电阻两端的电压与电流的关系画在坐标平面上，用一条曲线（直线）表示其关系，这条曲线（直线）就称为电阻的伏安特性曲线。根据上述公式可知线性电阻的伏安特性曲线是一条过原点且具有正斜率的直线，如图 1-14（a）所示。一般的电阻元件，均为线性电阻元件。非线性电阻的伏安特性，由非线性电阻的伏安特性曲线图 1-14（b）可以看出它是一条曲线，例如二极管就是一个典型的非线性电阻元件。

　　由线性元件组成的电路称为线性电路，由非线性元件组成的电路称为非线性电路。

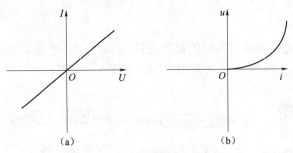

图 1-14　电阻的伏安特性曲线

(a) 线性电阻；(b) 非线性电阻

3. 电能

　　电阻元件在通电过程中要消耗电能，是一个耗能元件。电阻所吸收的功率为

$$p = ui = Ri^2 = \frac{u^2}{R} \tag{1-12}$$

则 t_1 到 t_2 的时间内，电阻元件吸收的能量 W 全部转化为热能。

$$W = \int_{t_1}^{t_2} Ri^2 \mathrm{d}t \tag{1-13}$$

在直流电路中，

$$P = UI = RI^2 = \frac{U^2}{R} \tag{1-14}$$

$$W = Pt \tag{1-15}$$

　　根据国际单位制（SI），电能的单位是焦［耳］（J），或千瓦时（kW·h），简称为度。

$$1 \text{ 度（电）} = 1 \text{ kW·h} = 3.6 \times 10^6 \text{ J}$$

即功率为 1 000 W 的供能或耗能元件，在 1 小时的时间内所发出或消耗的电能量为 1 度。

　　例 1.5　在 220 V 的电源上，接一个电加热器，已知通过电加热器的电流是 3.5 A，问 4 小时内，该电加热器用了多少度电？

　　解： 电加热器的功率是

$$P = UI = 220 \times 3.5 = 770 \text{（W）} = 0.77 \text{（kW）}$$

4 小时内电加热器消耗的电能是

$$W = Pt = 0.77 \times 4 = 3.08 \text{（kW·h）}$$

即该电加热器用了 3.08 度电。

二、电感元件

　　电感元件作为储能元件能够储存磁场能量，常用电感器如图 1-15 所示，其电路模型如图 1-16 所示。

从图 1-15 中可以看出，电感器由一个线圈组成，通常将导线绕在一个铁芯上制作成一个电感线圈，如图 1-17 所示。

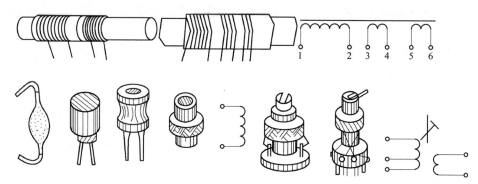

图 1-15　电感器

线圈的匝数与穿过线圈的磁通之积为 $N\Phi$，称为磁链。

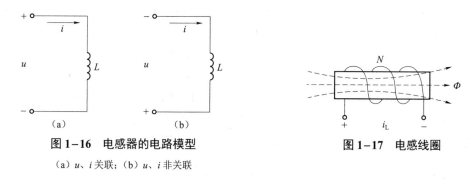

图 1-16　电感器的电路模型
（a）u、i 关联；（b）u、i 非关联

图 1-17　电感线圈

当电感元件为线性电感元件时，电感元件的特性方程为

$$N\Phi = Li \qquad (1-16)$$

式中，L 为元件的电感系数（简称电感），是一个与电感器本身有关，与电感器的磁通、电流无关的常数，又叫作自感，在国际单位制（SI）中，其单位为亨[利]（H），有时也用毫亨（mH）、微亨（μH）作单位，$1\ mH = 10^{-3}\ H$，$1\ \mu H = 10^{-6}\ H$，磁通 Φ 的单位是韦伯（Wb）。

当通过电感元件的电流发生变化时，电感元件中的磁通也发生变化，根据电磁感应定律，在线圈两端将产生感应电压，设电压与电流为关联参考方向时，电感线圈两端将产生感应电压

$$u_L = L\frac{\mathrm{d}i}{\mathrm{d}t} \qquad (1-17)$$

式（1-17）表示线性电感的电压 u_L 与电流 i 对时间 t 的变化率 $\dfrac{\mathrm{d}i}{\mathrm{d}t}$ 成正比。

在一定的时间内，电流变化越快，感应电压越大；电流变化越慢，感应电压越小；若电流变化为零时（直流电流），则感应电压为零，电感元件相当于短路，故电感元件在直流电路中相当于短路。

当流过电感元件的电流为 i 时，它所储存的能量为

$$w_L = \frac{1}{2}Li^2 \qquad (1-18)$$

从上式中可以看出，电感元件在某一时刻的储能仅与当时的电流值有关。

三、电容元件

电容元件作为储能元件能够储存电场能量，常见电容器如图 1-18 所示。电容器的电路模型如图 1-19 所示。

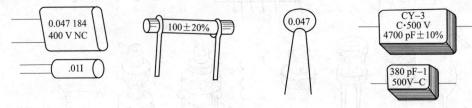

图 1-18　电容器

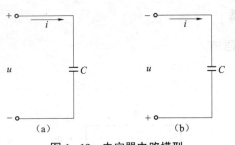

图 1-19　电容器电路模型

(a) u、i 关联；(b) u、i 非关联

当电容为线性电容时，电容元件的特性方程为

$$q = Cu \tag{1-19}$$

式中，C 为元件的电容，是一个与电容器本身有关，与电容器两端的电压、电流无关的常数，在国际单位制（SI）中，其单位为法[拉]（F）。微法（μF）、纳法（nF）、皮法（pF）也作为电容的单位。

$$1\ \mu F = 10^{-6}\ F，\quad 1\ nF = 10^{-9}\ F，\quad 1\ pF = 10^{-12}\ F$$

从式（1-19）可以看出，电容的电荷量是随电容两端电压的变化而变化的，由于电荷的变化，电容中就产生了电流，则

$$i_C = \frac{\mathrm{d}q}{\mathrm{d}t} \quad（设\ u、i\ 关联） \tag{1-20}$$

i_C 是电容由于电荷的变化而产生的电流，将 i_C 代入式（1-20）中得

$$i_C = C\frac{\mathrm{d}u}{\mathrm{d}t} \tag{1-21}$$

式（1-21）表示线性电容的电流与端电压对时间的变化率 $\dfrac{\mathrm{d}u}{\mathrm{d}t}$ 成正比。

当 $\dfrac{\mathrm{d}u}{\mathrm{d}t} = 0$ 时，则 $i_C = 0$，说明电容元件两端的电压恒定不变，通过电容的电流为零，电容处于开路状态。故电容元件对直流电路来说相当于开路。

电容所储存的电场能为

$$W_C = \frac{1}{2}Cu^2 \tag{1-22}$$

1.3.3　电压源与电流源

电源是将其他形式的能量（如化学能、机械能、太阳能、风能等）转换成电能后提供给电路的设备。本节主要介绍电路分析中的基本电源：电压源和电流源。

一、电压源和电流源

我们所讲的电压源和电流源都是理想化的电压源和电流源。

1. 电压源

电压源是指理想电压源，即内阻为零且电源两端的端电压值恒定不变（直流电压），如图 1-20 所示。

它的特点是电压的大小取决于电压源本身的特性，与流过的电流无关。流过电压源的电流大小与电压源外部电路有关，由外部负载电阻决定。因此，称之为独立电压源。

电压为 U_S 的直流电压源的伏安特性曲线，是一条平行于横坐标的直线，如图 1-21 所示，特性方程为

$$U=U_S \qquad (1-23)$$

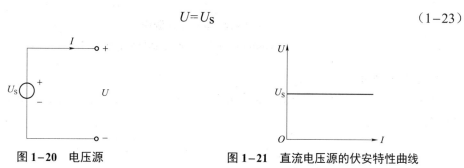

图 1-20　电压源　　　　　　图 1-21　直流电压源的伏安特性曲线

如果电压源的电压 $U_S=0$，则此时电压源的伏安特性曲线，就是横坐标，也就是电压源相当于短路。

2. 电流源

电流源是指理想电流源，即内阻为无限大、输出恒定电流 I_S 的电源，如图 1-22 所示。

它的特点是电流的大小取决于电流源本身的特性，与电源的端电压无关。端电压的大小与电流源外部电路有关，由外部负载电阻决定。因此，也称之为独立电流源。

电流为 I_S 的直流电流源的伏安特性曲线，是一条垂直于横坐标的直线，如图 1-23 所示，特性方程为

$$I=I_S \qquad (1-24)$$

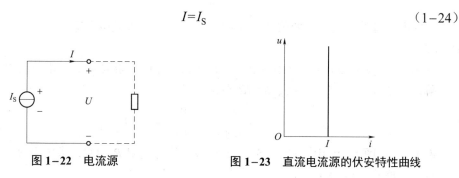

图 1-22　电流源　　　　　　图 1-23　直流电流源的伏安特性曲线

如果电流源短路，流过短路线路的电流就是 I_S，而电流源的端电压为零。

二、实际电源的模型

1. 实际电压源

实际电压源可以用一个理想电压源 U_S 与一个理想电阻 r 串联组合成一个电路来表示，如图 1-24（a）所示。

特征方程为

$$U=U_S-Ir \qquad (1-25)$$

实际电压源的伏安特性曲线如图1-24（b）所示，可见电源输出的电压随负载电流的增加而下降。

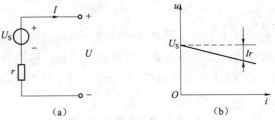

图1-24 实际电压源模型

（a）实际电压源；（b）实际电压源的伏安特性曲线

2. 实际电流源

实际电流源可以用一个理想电流源I_S与一个理想电导G并联组合成一个电路来表示，如图1-25（a）所示。

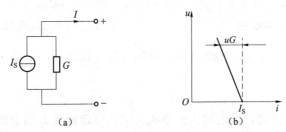

图1-25 实际电流源模型

（a）实际电流源；（b）实际电流源的伏安特性曲线

特征方程为

$$I=I_S-UG \qquad (1-26)$$

实际电流源的伏安特性曲线如图1-25（b）所示，可见电源输出的电流随负载电压的增加而减小。

例1.6 在图1-24中，设$U_S=20\,V$，$r=1\,\Omega$，外接电阻$R=4\,\Omega$，求电阻R上的电流I。

解：根据式（1-25）$U=U_S-Ir=IR$则有

则有
$$I=\frac{U_S}{R+r}=\frac{20}{4+1}=4\ (A)$$

例1.7 在图1-25中，设$I_S=5\,A$，$r=1\,\Omega$，外接电阻$R=9\,\Omega$，求电阻R上的电压U。

解：根据式（1-26）

$$I=I_S-\frac{U}{r}=\frac{U}{R}$$

则有
$$U=\frac{Rr}{R+r}I_S=\frac{1\times9}{1+9}\times5=4.5\ (V)$$

1.3.4 基尔霍夫定律

欧姆定律可以确定电阻元件的电压与电流的关系，但一般只用于简单电路，对于一个比

较复杂的电路，如图 1-26 所示的电路，各电源电压和各
电阻已知时用欧姆定律是不能确定出各支路的电流。对于
复杂电路要利用基尔霍夫定律进行求解。基尔霍夫定律是
分析电路的重要定律，它包括基尔霍夫电流定律和基尔霍
夫电压定律。

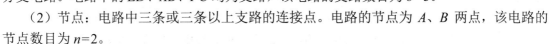

图 1-26　基尔霍夫定律

一、常用电路名词

以图 1-26 所示电路为例说明常用电路名词。

（1）支路：电路中具有两个端钮且通过同一电流的无
分支电路。电路中的 ED、AB、FC 均为支路，该电路的支路数目为 $b=3$。

（2）节点：电路中三条或三条以上支路的连接点。电路的节点为 A、B 两点，该电路的
节点数目为 $n=2$。

（3）回路：电路中任一闭合的路径。电路中的 CDEFC、AFCBA、EABDE 路径均为回路，
该电路的回路数目为 $l=3$。

（4）网孔：不含有分支的闭合回路。电路中的 AFCBA、EABDE 回路均为网孔，该电路
的网孔数目为 $m=2$。

练习 1.1　电路如图 1-27 所示，有几个节点？几条支路？多少个网孔？

二、基尔霍夫电流定律（节点电流定律）

1. 电流定律（KCL）的内容

电流定律的第一种表述：在任何时刻，电路中流入任一节点中的电流之和，恒等于从该
节点流出的电流之和，即

$$\sum I_{流入} = \sum I_{流出}$$

例如图 1-28 中，在节点 A 上：$I_1 + I_3 = I_2 + I_4 + I_5$。

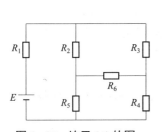

图 1-27　练习 1.1 的图

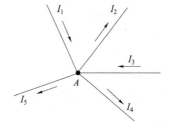

图 1-28　基尔霍夫电流定律

电流定律的第二种表述：在任何时刻，电路中任一节点上的各支路电流代数和恒等于
零，即

$$\sum I = 0$$

一般可在流入节点的电流前面取"＋"号，在流出节点的电流前面取"－"号，反之亦可。
例如图 1-28 中，在节点 A 上：$I_1 - I_2 + I_3 - I_4 - I_5 = 0$。

在使用电流定律时，必须注意：

（1）对于含有 n 个节点的电路，只能列出（$n-1$）个独立的电流方程。

（2）列节点电流方程时，只需考虑电流的参考方向，然后再带入电流的数值。

为分析电路的方便，通常需要在所研究的一段电路中事先选定（即假定）电流流动的方向，叫作电流的参考方向，通常用"→"号表示。

电流的实际方向可根据数值的正、负来判断，当 $I>0$ 时，表明电流的实际方向与所标定的参考方向一致；当 $I<0$ 时，则表明电流的实际方向与所标定的参考方向相反。

2. 基尔霍夫电流定律（KCL）的推广应用

（1）对于电路中任意假设的封闭面来说，电流定律仍然成立。例如图 1-29 中，对于封闭面 S 来说，有 $I_1+I_2=I_3$。

（2）对于网络（电路）之间的电流关系，仍然可由电流定律判定。例如图 1-30 中，流入电路 B 中的电流必等于从该电路中流出的电流。

（3）若两个网络之间只有一根导线相连，那么这根导线中一定没有电流通过。

（4）若一个网络只有一根导线与地相连，那么这根导线中一定没有电流通过。

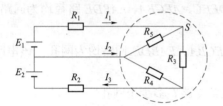

图 1-29　电流定律的应用举例（1）

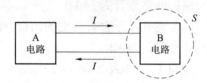

图 1-30　电流定律的应用举例（2）

例 **1.8**　如图 1-31 所示电桥电路，已知 $I_1=25\ \text{mA}$，$I_3=16\ \text{mA}$，$I_4=12\ \text{mA}$，试求其余电阻中的电流 I_2、I_5、I_6。

解：在节点 a 上：$I_1=I_2+I_3$，则 $I_2=I_1-I_3=25-16=9$（mA）

在节点 d 上：$I_1=I_4+I_5$，则 $I_5=I_1-I_4=25-12=13$（mA）

在节点 b 上：$I_2=I_6+I_5$，则 $I_6=I_2-I_5=9-13=-4$（mA）

电流 I_2 与 I_5 均为正数，表明它们的实际方向与图 1-31 中所标定的参考方向相同，I_6 为负数，表明它的实际方向与图 1-31 中所标定的参考方向相反。

三、基尔霍夫电压定律（回路电压定律）

1. 电压定律（KVL）的内容

在任何时刻，沿着电路中的任一回路绕行方向，回路中各段电压的代数和恒等于零，即

$$\sum U = 0$$

图 1-32 电路说明基夫尔霍电压定律。沿着回路 $abcdea$ 绕行方向，有

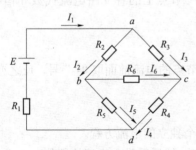

图 1-31　例题 1.8 的图

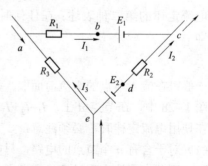

图 1-32　基尔霍夫电压定律

$$U_{ac}=U_{ab}+U_{bc}=R_1I_1+E_1, \quad U_{ce}=U_{cd}+U_{de}=-R_2I_2-E_2, \quad U_{ea}=R_3I_3$$

则
$$U_{ac}+U_{ce}+U_{ea}=0$$

即
$$R_1I_1+E_1-R_2I_2-E_2+R_3I_3=0$$

上式也可写成
$$R_1I_1-R_2I_2+R_3I_3=-E_1+E_2$$

对于电阻电路来说，任何时刻，在任一闭合回路中，各段电阻上的电压降代数和等于各电源电动势的代数和，即

$$\sum RI = \sum E$$

2. 利用 $\sum RI = \sum E$ 列回路电压方程的原则

（1）标出各支路电流的参考方向并选择回路绕行方向（既可沿着顺时针方向绕行，也可沿着反时针方向绕行）。

（2）电阻元件的端电压为 $\pm RI$，当电流 I 的参考方向与回路绕行方向一致时，选取 "+" 号；反之，选取 "−" 号。

（3）电源电动势为 $\pm E$，当电源电动势的标定方向与回路绕行方向一致时，选取 "+" 号；反之，应选取 "−" 号。

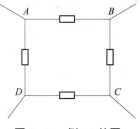

图 1−33　例 1.9 的图

例 1.9　电路如图 1−33 所示，已知 $U_{AB}=5$ V，$U_{BC}=-4$ V，$U_{DA}=-3$ V，则 $U_{CA}=$_____V，$U_{CD}=$_____V。

解：选择回路绕行方向为顺时针，则根据基尔霍夫电压定律可得

$$U_{AB}+U_{BC}+U_{CA}=0$$
$$U_{AB}+U_{BC}+U_{CD}+U_{DA}=0$$
$$U_{CA}=-U_{AB}-U_{BC}=-5-(-4)=-1\,(V)$$
$$U_{CD}=-(U_{AB}+U_{BC}+U_{DA})=-(5-4-3)=2\,(V)$$

1.3.5　支路电流法

一、支路电流法

以各支路电流为未知量，应用基尔霍夫定律列出节点电流方程和回路电压方程，解出各支路电流，从而可确定各支路（或各元件）的电压及功率，这种解决电路问题的方法叫作支路电流法。对于具有 b 条支路、n 个节点的电路，可列出（$n-1$）个独立的电流方程和 $b-(n-1)$ 个独立的电压方程。

二、运用支路电流法解题的步骤

（1）假设各支路电流的参考方向，选取网孔并指定网孔电压的绕行方向。回路绕行方向可以任意假设，对于具有 2 个以上电动势的回路，通常选取电动势较大的方向为回路方向，电流方向也可照此假设。

（2）列出独立节点的 KCL 方程。电路有 n 个节点，就可列出（$n-1$）个独立方程。

（3）列出网孔的 KVL 方程。补充网孔方程，使独立方程数与未知量个数相等。

（4）联立方程组，求出各支路电流。

（5）确定各支路电流的方向。电流的实际方向由参考方向和计算结果共同决定：当计算

结果为正时，实际方向与参考方向一致；当计算结果为负时，实际方向与参考方向相反。

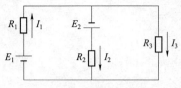

图 1−34　例题 1.10 的图

例 1.10　如图 1−34 所示电路，已知 E_1=42 V，E_2=21 V，R_1=12 Ω，R_2=3 Ω，R_3=6 Ω，试求各支路电流 I_1、I_2、I_3。

解：该电路支路数 b=3、节点数 n=2，所以应列出 1 个节点电流方程和 2 个回路电压方程，并按照 $\sum RI = \sum E$ 列回路电压方程的方法得

（1）$I_1=I_2+I_3$（任一节点）；

（2）$R_1I_1+R_2I_2=E_1+E_2$（网孔 1）；

（3）$R_3I_3-R_2I_2=-E_2$（网孔 2）。

代入已知数据，解得：$I_1 = 4$ A，$I_2 = 5$ A，$I_3 = -1$ A。

电流 I_1 与 I_2 均为正数，表明它们的实际方向与图中所标定的参考方向相同，I_3 为负数，表明它们的实际方向与图中所标定的参考方向相反。

1.3.6　电路的串联、并联与混联

一、电阻的串联

在电路中，若干个电阻元件依次相连，这种连接方式称为串联。图 1−35 给出了三个电阻的串联电路。

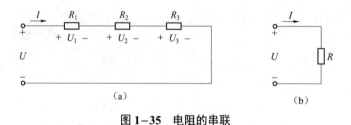

图 1−35　电阻的串联

（a）电阻的串联；（b）等效电路

电阻串联时有以下几个特点：

（1）通过各电阻的电流相等。

（2）总电压等于各电阻上电压之和，即

$$U = U_1 + U_2 + U_3$$

（3）等效电阻（总电阻）等于各电阻之和，即

$$R = R_1 + R_2 + R_3 \tag{1-27}$$

所谓等效电阻是指如果用一个电阻 R 代替串联的所有电阻接到同一电源上，电路中的电流是相同的。

（4）分压系数。

在直流电路中，常用电阻的串联来达到分压的目的。各串联电阻两端的电压与总电压间的关系为

$$\begin{cases} U_1 = R_1 I = \dfrac{R_1}{R} U \\[2mm] U_2 - R_2 I = \dfrac{R_2}{R} U \\[2mm] U_3 = R_3 I = \dfrac{R_3}{R} U \end{cases} \qquad (1-28)$$

式中 $\dfrac{R_1}{R}$、$\dfrac{R_2}{R}$、$\dfrac{R_3}{R}$ 称为分压系数，由分压系数可直接求得各串联电阻两端的电压。

由式（1—28）还可知

$$U_1 : U_2 : U_3 = R_1 : R_2 : R_3$$

即电阻串联时，各电阻两端的电压与电阻的大小成正比。

（5）各电阻消耗的功率与电阻成正比，即

$$P_1 : P_2 : P_3 = R_1 : R_2 : R_3$$

例 1.11 多量程直流电压表是由表头、分压电阻和多位开关连接而成的，如图 1—36 所示。如果表头满偏电流 $I_g = 100\,\mu A$，表头电阻 $R_g = 1\,000\,\Omega$，现在要制成量程为 10 V、50 V、100 V 的三量程电压表，试确定分压电阻值。

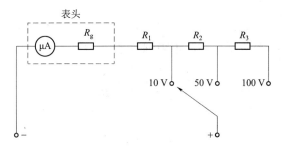

图 1—36　例 1.11 的图

解： 当 $I_g = 100\,\mu A$ 流过表头时，表头两端的电压

$$U_g = R_g I_g = 1\,000 \times 100 \times 10^{-6} = 0.1\,(V)$$

当量程 $U_1 = 10\,V$ 时，串联电阻 R_1

$$\frac{U_1}{U_g} = \frac{R_1 + R_g}{R_g}$$

$$\frac{10}{0.1} = \frac{R_1 + 1\,000}{1\,000}$$

得

$$R_1 = 99\,(k\Omega)$$

当量程 $U_2 = 50\,V$ 时，串联电阻 R_2

$$\frac{U_2}{U_1} = \frac{R_2 + (R_g + R_1)}{(R_g + R_1)}$$

$$\frac{50}{10} = \frac{R_2 + 100}{100}$$

得 $$R_2 = 400 \text{ k}\Omega$$

当量程 $U_3 = 100 \text{ V}$ 时，串联电阻 R_3 用上述方法可得 $R_3 = 500 \text{ k}\Omega$。

二、电阻的并联

在电路中，若干个电阻一端连在一起，另一端也连在一起，使电阻所承受的电压相同，这种连接方式称为电阻的并联。图1-37所示为三个电阻的并联电路。

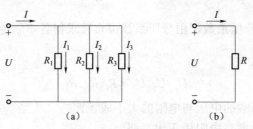

图1-37 电路的并联
(a) 电阻的并联；(b) 等效电路

电路并联时有以下几个特点：

（1）各并联电阻两端的电压相等。

（2）总电流等于各电阻支路的电流之和，即

$$I = I_1 + I_2 + I_3$$

（3）等效电阻 R 的倒数等于各并联电阻倒数之和，即

$$\frac{1}{R} = \frac{1}{R_1} + \frac{1}{R_2} + \frac{1}{R_3}$$

上式也可写成

$$G = G_1 + G_2 + G_3 \tag{1-29}$$

式（1-29）表明，并联电路的电导等于各支路电导之和。

对于只有两个电阻 R_1 及 R_2 并联的电路，则等效电阻为

$$R = \frac{R_1 R_2}{R_1 + R_2}$$

（4）分流系数。

在电路中，常用电阻的并联来达到分流的目的。各并联电阻支路的电流与总电流的关系为

$$\begin{cases} I_1 = G_1 U = \dfrac{G_1}{G} I \\[2mm] I_2 = G_2 U = \dfrac{G_2}{G} I \\[2mm] I_3 = G_3 U = \dfrac{G_3}{G} I \end{cases} \tag{1-30}$$

式中 $\dfrac{G_1}{G}$、$\dfrac{G_2}{G}$、$\dfrac{G_3}{G}$ 称为分流系数，由分流系数可直接求得各并联电阻支路的电流。

由式（1-30）还可知

$$I_1 : I_2 : I_3 = G_1 : G_2 : G_3$$

即电阻并联时，各电阻支路的电流与电导的大小成正比。也就是说电阻越大，分流作用就越小。

当两个电阻并联时

$$I_1 = \frac{R_2}{R_1 + R_2} I$$

$$I_2 = \frac{R_1}{R_1 + R_2} I$$

（5）各电阻消耗的功率与电导成正比，即

$$P_1 : P_2 : P_3 = G_1 : G_2 : G_3$$

例 1.12　将如图 1-38 所示的满偏电流 I_g =100 μA、表头电阻 R_g =1 000 Ω 的表头改装成量程为 10 mA 的电流表。

解： 要将表头改装成量程较大的电流表，可将电阻 R_F 与表头并联，如图 1-38 所示。

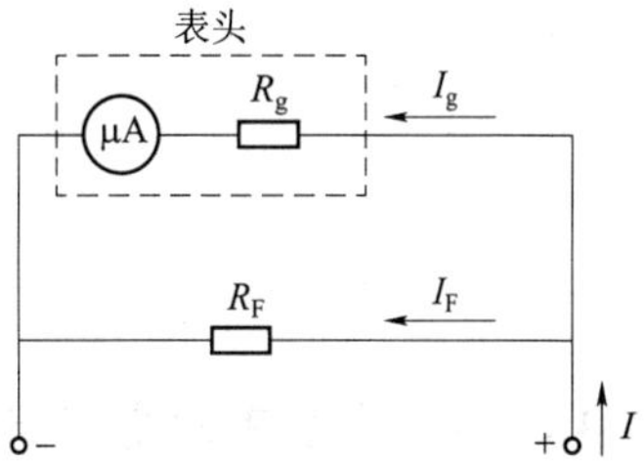

并联电阻 R_F 支路的电流为 I_F，则

$$I_F = I - I_g = 10 \times 10^{-3} - 100 \times 10^{-6} = 9.9 \times 10^{-3} (\text{A}) = 9.9 \ (\text{mA})$$

因为

$$I_F R_F = I_g R_g$$

所以

$$R_F = \frac{I_g R_g}{I_F} = \frac{100 \times 10^{-6} \times 1000}{9.9 \times 10^{-3}} = 10.1 \ (\Omega)$$

图 1-38　例 1.12 的图

即用一个 10.1 Ω 的电阻与该表头并联，即可得到一个量程为 10 mA 的电流表。

三、电阻的混联

实际应用中经常会遇到既有电阻串联又有电阻并联的电路，称为电阻的混联电路，如图 1-39 所示。

求解电阻的混联电路时，首先应从电路结构入手，根据电阻串并联的特征，分清哪些电阻是串联的，哪些电阻是并联的，然后应用欧姆定律、分压和分流的关系求解。

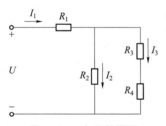
图 1-39　电阻的混联

由图 1-39 可知，R_3 与 R_4 串联，然后与 R_2 并联，再与 R_1 串联，即等效电阻

$$R = R_1 + R_2 \text{ // } (R_3 + R_4)$$

符号 "//" 表示并联。

则

$$I = I_1 = \frac{U}{R}$$

$$I_2 = \frac{R_3 + R_4}{R_2 + R_3 + R_4} I$$

$$I_3 = \frac{R_2}{R_2 + R_3 + R_4} I$$

各电阻两端的电压的计算请读者自行完成。

1.4 实践知识——汽车照明电路（日光灯电路）的连接与测试

1.4.1 汽车照明电路原理图

汽车照明电路原理图如图 1-40 所示。

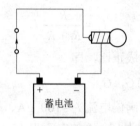

图 1-40 汽车照明电路原理图

1.4.2 电路元件的基本知识

一、电子元件知识——电阻器

1. 电阻

导电体对电流的阻碍作用称为电阻，用符号 R 表示，单位为欧姆、千欧、兆欧，分别用 Ω、$k\Omega$、$M\Omega$ 表示。各种电阻器的外形如图 1-41 所示。

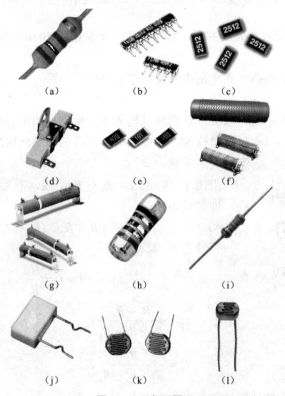

图 1-41 电阻器

2. 电阻的型号命名方法

国产电阻器的型号由四部分组成（不适用敏感电阻）① 主称；② 材料；③ 分类；④ 序号。

3. 电阻器的分类

（1）线绕电阻器。

（2）薄膜电阻器：碳膜电阻器、合成碳膜电阻器、金属膜电阻器、金属氧化膜电阻器、化学沉积膜电阻器、玻璃釉膜电阻器、金属氮化膜电阻器。

（3）实心电阻器。

（4）敏感电阻器：压敏电阻器、热敏电阻器、光敏电阻器、力敏电阻器、气敏电阻器、湿敏电阻器。

4. 电阻器阻值的标示方法

（1）直标法：用数字和单位符号在电阻器表面标出阻值，其允许误差直接用百分数表示，若电阻上未注偏差，则均为 ±20%。

（2）文字符号法：用阿拉伯数字和文字符号两者有规律的组合来表示标称阻值，其允许偏差也用文字符号表示。符号前面的数字表示整数阻值，后面的数字依次表示第一位小数阻值和第二位小数阻值。表示允许误差的文字符号 D F G J K M 允许偏差分别为：±0.5%、±1%、±2%、±5%、±10%、±20%。

（3）数码法：在电阻器上用三位数码表示标称值的标志方法。数码从左到右，第一、二位为有效值，第三位为指数，即零的个数，单位为欧姆。偏差通常采用文字符号表示。

（4）色标法：用不同颜色的带或点在电阻器表面标出标称阻值和允许偏差。国外电阻大部分采用色标法。黑—0、棕—1、红—2、橙—3、黄—4、绿—5、蓝—6、紫—7、灰—8、白—9、金—±5%、银—±10%、无色—±20%，如图 1-42 所示。

当电阻为四环时，最后一环必为金色或银色，前两位为有效数字，第三位为乘方数，第四位为偏差。

当电阻为五环时，最后一环与前面四环距离较大。前三位为有效数字，第四位为乘方数，第五位为偏差。

5. 贴片电阻的阻值识别

通常在贴片电阻表面都标识有数字，以表示阻值，或用字母来表示，阻值表示法如下：

（1）第一、二位数代表的是电阻的实数。

（2）第三位开始的数字如是 0 就代表几十欧（10～99 Ω 之间），例：100 就为 10 Ω 的电阻、990 为 99 Ω 的电阻。

（3）第三位开始的数字如是 1 就代表几百欧（100～999 Ω 之间），例：101 为 100 Ω、151 为 150 Ω、951 为 950 Ω。

（4）第三位开始的数字如是 2 就代表几 K（1 000～9 999 Ω 之间），例：102 为 1 K、152 为 1.5 K、992 为 9.9 K。

（5）第三位开始的数字如是 3 就代表几十 K（10 K～99 K 之间），例：103 为 10 K、223 为 22 K、993 为 99 K。

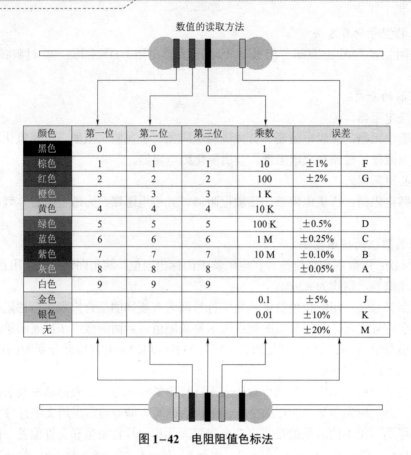

图 1-42 电阻阻值色标法

（6）第三位开始的数字如是 4 就代表几百 K（100 K～999 K 之间），例：104 为 100 K、204 为 200 K、854 为 850 K。

（7）第三位开始的数字如是 5 就代表几 M（1 M～9.9 M 之间），例：105 为 1 M、155 为 1.5 M、955 为 9.5 M。

（8）第三位开始的数字如是 6 就代表几十 M（100 K～999 K 之间），例：106 为 10 M、566 为 56 M。

（9）对于四个数字的标法就是前三位为实数，第四位为倍数，例：1001 为 1 K、1002 为 10 K、1005 为 10 M。

二、电子元件知识——电容器

1. 电容

电容是表征电容器容纳电荷的本领的物理量。

我们把电容器的两极板间的电势差增加 1 V 所需的电量，叫作电容器的电容。电容的符号是 C。电容器的外形如图 1-43 所示。电容是电子设备中大量使用的电子元件之一，广泛应用于隔直、耦合、旁路、滤波、调谐回路、能量转换、控制电路等方面。用 C 表示电容，电容单位有法拉（F）、微法拉（μF）、皮法拉（pF），它们之间的关系为

$$1 \text{ F} = 10^6 \text{ μF} = 10^{12} \text{ pF}$$

独石电容器　钽质电容器　　陶瓷电容器

聚酯电容器　　　电解电容器

(1)　　　(2)　　　(3)

(4)　　　(5)　　　(6)

图1-43　电容器

2. 电容器的型号命名方法

国产电容器的型号一般由四部分组成（不适用于压敏、可变、真空电容器），依次分别代表名称、材料、分类和序号。

3. 电解电容器的极性判别方法

用万用表测量就可以了，先把电解电容器放电，然后将表笔接到两端，摆动大的那次就对了。但要注意：指针表的正极对的是电容的负极，数字表相反，而且，两次测量之间，电容必须放电。用引脚长短来区别正负极，长脚为正，短脚为负；电容上面有标志的黑块为负极。在PCB上电容位置上有两个半圆，涂颜色的半圆对应的引脚为负极。

4. 电容器的分类

按照其极性分为两大类：有极性电容器（如电解电容器）和无极性电容器。

按照结构分为三大类：固定电容器、可变电容器和微调电容器。

按电解质分类有：有机介质电容器、无机介质电容器、电解电容器和空气介质电容器等。

按用途分有：高频旁路、低频旁路、滤波、调谐、高频耦合、低频耦合、小型电容器。

5. 电容器容量的标示方法

（1）直标法：用数字和单位符号直接标出。如01 μF表示0.01微法，有些电容用"R"表示小数点，如R56表示0.56微法。

（2）文字符号法：用数字和文字符号有规律的组合来表示容量。如p10表示0.1 pF，1 p0表示1 pF，6P8表示6.8 pF，2μ2表示2.2 μF。

（3）色标法：用色环或色点表示电容器的主要参数。电容器的色标法与电阻相同。

电容器偏差标志符号：+100%～0——H、+100%～10%——R、+50%～10%——T、+30%～10%——Q、+50%～20%——S、+80%～20%——Z。

6. 常用电容器

常用电容器有铝电解电容器、钽电解电容器、薄膜电容器、瓷介电容器、独石电容器、纸质电容器、微调电容器、陶瓷电容器、玻璃釉电容器、云母和聚苯乙烯介质电容器。

三、电子元件知识——电感器

1. 电感器

电感线圈是由导线一圈一圈地绕在绝缘管上，导线彼此互相绝缘，而绝缘管可以是空心的，也可以包含铁芯或磁粉芯，简称电感。在电子制作中虽然使用得不是很多，但它们在电路中同样重要。电感器的外形如图1-44所示。电感器和电容器一样，也是一种储能元件，它能把电能转变为磁场能，并在磁场中储存能量。电感器用符号 L 表示，它的基本单位是亨利（H），常用毫亨（mH）为单位。

图1-44 电感器

2. 电感器的分类

按电感形式分类：固定电感、可变电感。

按绕线结构分类：单层线圈、多层线圈、蜂房式线圈。

按导磁体性质分类：空芯线圈、铁氧体线圈、铁芯线圈、铜芯线圈。

按工作性质分类：天线线圈、振荡线圈、扼流线圈、陷波线圈、偏转线圈。

3. 电感器的作用

电感器经常和电容器一起工作，构成 LC 滤波器、LC 振荡器等。另外，人们还利用电感的特性，制造了阻流圈、变压器、继电器等；电感器的特性恰恰与电容器的特性相反，它具有阻止交流电通过而让直流电通过的特性。

收音机上就有不少电感线圈，几乎都是用漆包线绕成的空心线圈或在骨架磁芯、铁芯上绕制而成的。有天线线圈（它是用漆包线在磁棒上绕制而成的）、中频变压器（俗称中周）、输入输出变压器等。

4. 常用电感器

单层线圈、蜂房式线圈、铁氧体磁芯和铁粉芯线圈、铜芯线圈、色码电感器、阻流圈（扼流圈）、偏转线圈。

四、电子元件知识——卤素灯

卤素灯泡，亦称钨卤灯泡，是白炽灯的一种，常用于汽车大灯等照明电路。原理是在灯泡内注入碘或溴等卤素气体。在高温下，蒸发的钨丝与卤素进行化学作用，蒸发的钨会重新凝固在钨丝上，形成平衡的循环，避免钨丝过早断裂。因此卤素灯泡比白炽灯更长寿。此外，卤素灯泡亦能以比一般白炽灯更高的温度运作，它们的亮度及效率亦更高。不过在这温度下，普通玻璃可能会软化。因此卤素灯泡需要采用溶点更高的石英玻璃。卤素灯泡的外形和结构如图1-45、图1-46所示。

1. 工作原理

卤素灯泡与白炽灯的最大区别在于一点，就是卤素灯的玻璃外壳中充有一些卤族元素气体（通常是碘或溴），其工作原理为：当灯丝发热时，钨原子被蒸发后向玻璃管壁方向移动，当接近玻璃管壁时，钨蒸气被冷却到大约 800 ℃并和卤素原子结合在一起，形成卤化钨（碘化钨或溴化钨）。卤化钨向玻璃管中央继续移动，又重新回到被氧化的灯丝上，由于卤化钨是一种很不稳定的化合物，其遇热后又会重新分解成卤素蒸气和钨，这样钨又在灯丝上沉积下来，弥补被蒸发掉的部分。通过这种再生循环过程，灯丝的使用寿命不仅得到了大大延长（几乎是白炽灯的 4 倍），同时由于灯丝可以工作在更高温度下，从而得到了更高的亮度、更高的色温和更高的发光效率。

卤素泡　　　　　　石英泡

图 1-45　卤素灯泡

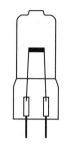

图 1-46　卤素灯泡的结构

2. 卤素灯的优点

白炽灯具有很多的优点：制作简单、成本低廉、亮度容易调整和控制及显色性明显（Ra=100）等，致命缺点为寿命短、发光效率低（仅有 12%～18%可以转化为光能，而其余部分都以热能散失）及色温低（2 700～3 100 K）。卤素灯泡则保留了上述优点之外，寿命有所增加、发光效率亦有提高。

1.5　项 目 实 施

一、项目分组

教师讲解汽车照明电路的原理、电路元件的作用和电桥的使用方法，并讲解使用电桥测量汽车灯泡电阻以及额定电压下灯泡功率的计算方法。项目实施时教师亲自示范线路安装规范，学生进行分组，通常 3～5 人一组，选出小组负责人，下达任务。制订方案，填写计划单，由教师审核，通过后，开始实施电路连接工作。

二、讲解项目原理及具体要求

其原理在前面的课程中已经进行了详细讲述，下面是具体的项目要求：

（1）对整体电路进行布局。

（2）对电路进行安装。

（3）对电路进行测试。

三、学生具体实施

学生根据项目内容和制订的方案，分组讨论，查阅资料，到实验实训室领取电路元件和工具并填写材料工具清单，进行安装工作。以上过程要在教师监控下进行，未经许可，不得通电。

四、学生展示

学生完成线路安装并检查无误后以小组为单位交由教师对线路进行检查并填写检查单。

教师检查无误后方可通电，通电成功的小组交由教师审核，未成功小组查明故障原因，继续连接，必要时可请求教师或其他小组协助。教师可选择项目实施优秀小组对项目方案进行讲评，并对项目实施成果进行展示。

五、项目评价

项目评价以组内互评和教师评价的形式展开，教师整体对该项目进行总结，评价结果填写在项目评价单中，对项目实施优秀小组进行表扬并总结经验，对存在不足的小组指出不足之处，鼓励其继续改进。

在项目具体实施过程中，所需项目方案实施计划单、材料工具清单、项目检查单和项目评价单见书后附录 A、B、C、D。

1.6　习题及拓展训练

一、习题

1. 现有一个汽车前照灯，灯上标有 50 W、12 V 字样。请估算一下这只灯的灯丝电阻为多少？如在 12 V 电压下工作，流过的电流是多大？

2. 求图 1-47 所示 ab 间的等效电阻 R_{ab}。

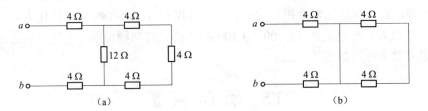

(a)　　　　　　　　　　　　　(b)

图 1-47　习题 2 的图

3. 电路如图 1-48 所示，已知 $R_1=R_2=R_3=1\ \Omega$，$U_{S1}=2\ V$，$U_{S2}=4\ V$，试用基尔霍夫定律求 I_1、I_2、I_3。

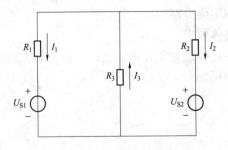

图 1-48　习题 3 的图

二、拓展训练

学习汽车照明电路的常见故障及其排除方法，见表 1-1。

表1-1 汽车照明电路的常见故障及其排除方法

序号	故障现象	故障原因	排除方法
1	接通灯光开关时，保险立即跳开，或熔断丝立即熔断	线路中有短路	找出短路处加以绝缘
2	灯泡经常烧坏	灯泡电压不匹配	更换合适电压的灯泡
3	前照灯灯光暗淡	电压过低（蓄电池电不足或发电机有故障）	对蓄电池充电、检修发电机
		配光镜或反射镜上积有灰尘	拆开前照灯进行清洁
		接头松动或锈蚀使电阻增大	拧紧或清除锈蚀
4	灯泡不亮	灯丝烧断	更换灯泡
		接线板到灯泡的导线断路	检查并接好
		灯泡与灯座接触不良	清除污垢，使接触良好

项目二 家用照明电路的连接与检测

自从爱迪生发明电灯以来，人类便进入了电气照明时代，从此家用照明电路便成为了家居生活不可缺少的重要组成部分，所以学习有关家用照明电路的相关知识和技能便显得尤为重要。照明电路连接和检测作为基本的电气装置，涉及电工电子技术中正弦交流电的基本理论和基本的电工操作技能。本项目主要介绍单相正弦交流电的基本理论和家用照明电路的连接与检测相关技能。学生通过连接一个家用照明电路（日光灯照明电路），可以学习正弦交流电的基本理论和电工技术的基本操作技能，并能够在项目实施过程中将理论知识和实践技能进行结合，从而达到工学结合、做学合一的效果。

2.1 项目目标

 知识目标

掌握正弦交流电的基本理论知识。

 能力目标

熟悉电工仪表的使用方法，掌握简单照明电路的连接方法。

 情感目标

培养学生的团队意识和创新能力。

2.2 项目情境

图 2-1 所示日光灯电路是基本的家用照明电路之一，在日常生活和工作中得到了广泛的应用，要想理解上述电路的工作原理，学生必须要掌握正弦交流电路的基本理论和电气线路连接的基本操作。本项目将对以上内容进行详细介绍，并在此基础上进一步介绍双开单控照明电路的接线方法。

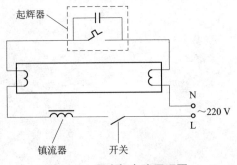

图 2-1 日光灯电路原理图

2.3 理论知识

2.3.1 正弦交流电

一、交流电的基本概念

1. 交流电

大小和方向随时间做周期性变化，并且在一个周期内的平均值为零的电压、电流和电动势。图 2-2 画出了直流电和几种交流电的波形。

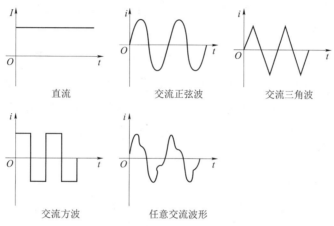

直流　　　　　交流正弦波　　　　　交流三角波

交流方波　　　　　任意交流波形

图 2-2　直流电和交流电的波形

2. 正弦交流电量

按照正弦规律变化的电压或电流称为正弦交流电量。其解析式为：

$$u = U_m \sin(\omega t + \varphi_u)$$
$$i = I_m \sin(\omega t + \varphi_i)$$

其波形如图 2-3 所示。

3. 交流电的参考方向

如图 2-4 所示为交流电的参考方向。图中标出的 u_S、i、u 的方向均为参考方向，它们的实际方向是在不断反复变化的，与参考方向相同的半个周期为正值，与参考方向相反的半个周期为负值。

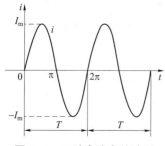

图 2-3　正弦交流电的波形

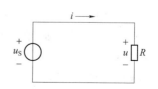

图 2-4　交流电的参考方向

二、正弦交流电的三要素

1. 最大值（振幅）

正弦量在任一时刻的值称为瞬时值，用小写字母表示，如 i、u 分别表示电流和电压的瞬时值。交流电在一个周期内瞬时值最大的值称为最大值，也叫振幅或峰值，用大写字母加下标 m 表示，如 I_m、U_m 等，如图 2-3 所示。

2. 周期、频率和角频率

正弦交流电重复一次需要的时间，称为周期，用字母"T"表示，单位为"秒"（s），毫秒（ms）微秒（μs）等。

频率：正弦交流电在单位时间（1 s）内重复的次数，称为交流电的频率，用字母"f"表示，单位为"周/秒"或称为"赫兹"（Hz）。如某交流电在 1 秒钟之内变化了一次，我们就称该交流电的频率是 1 赫兹。

频率和周期互为倒数，即 $f = \dfrac{1}{T}$。一般 50 Hz、60 Hz 的交流电称为工频交流电。

角频率：正弦单位时间（1 s）内变化的角度（以弧度为单位），用符号 ω 表示，单位是弧度/秒（rad/s）。交流电在 1 秒钟内变化了一个周期，则角度刚好变化了 2π 弧度。也就是说该交流电的角频率为 $\omega = 2\pi$ 弧度/秒。则可得角频率与周期 T、频率 f 之间的关系为：

$$\omega = 2\pi f = \frac{2\pi}{T}$$

由弧度的定义可知：1 弧度 ≈ 57.3°。

例 2.1 我国供电电源的频率为 50 Hz，称为工业标准频率，简称工频，其周期为多少？角频率为多少？

解： $T = \dfrac{1}{f} = \dfrac{1}{50} = 0.02$ (s)，$\omega = 2\pi f = 2 \times 3.14 \times 50 = 314$ (rad/s)

即工频 50 Hz 的交流电，每 0.02 s 变化一个循环，每秒钟变化 50 个循环。

3. 初相角

正弦交流电在每一时刻都是变化的，$\omega t + \varphi$ 是该正弦交流电在 t 时刻所对应的相位角，简称相位。$t = 0$ 时刻所对应的相位称为初相角，简称初相，用 φ 表示，它确定了正弦电量计时起点的瞬时值。一般规定其取值范围为 $|\varphi| \leqslant \pi$。一般用弧度表示，但工程上也允许用角度表示，如图 2-5 所示。

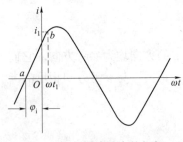

图 2-5 正弦交流电的初相

两个同频正弦量的相位之差，称为相位差，用 φ 表示。

$$\varphi = (\omega t + \varphi_1) - (\omega t + \varphi_2) = \varphi_1 - \varphi_2$$

当 $\varphi = 0$ 时，波形如图 2-6（a）所示，称 u_1 与 u_2 相位相同，简称同相。

当 $0 < \varphi < \pi$ 时，波形如图 2-6（b）所示，u_1 总比 u_2 先经过对应的最大值和零值，这时就称 u_1 超前 u_2 φ 角（或称 u_2 滞后 u_1 φ 角）。

若 $-\pi < \varphi < 0$ 时，波形如图 2-6（c）所示，称为 u_1 滞后于 u_2（或称 u_2 超前 u_1）。

若 $\varphi = \pi$ 时，波形如图 2-6（d）所示，称为 u_1 与 u_2 相位相反，简称反相。

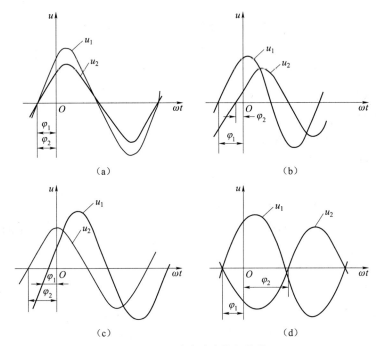

图 2-6　正弦交流电的相位差

三、有效值

有效值是指规定用来计量交流电大小的物理量。如果交流电通过一个电阻时，在一个周期内产生的热量与某直流电通过同一电阻在同样长的时间内产生的热量相等，就将这一直流电的数值定义为交流电的有效值，用大写字母 E、U、I 表示。

正弦交流电的有效值和最大值之间的关系为：

$$I = \frac{I_\mathrm{m}}{\sqrt{2}} = 0.707 I_\mathrm{m}, \quad U = \frac{U_\mathrm{m}}{\sqrt{2}} = 0.707 U_\mathrm{m}$$

一般情况下，人们所说的交流电流和交流电压的大小以及测量仪表所指示的电流和电压值都是指有效值。

例 2.2　我国生活用电是 220 V 交流电，其最大值为多少？

解： $U_\mathrm{m} = \sqrt{2}U = \sqrt{2} \times 220 = 311 (\mathrm{V})$

2.3.2　正弦交流电相量表示法

前面已经介绍了正弦量的两种表示方式，一种是解析式法，即三角函数表示法，另一种是波形图表示法。此外，正弦交流电量还可以用相量表示，也就是复数表示。为此，先介绍一些复数的有关知识。

一、复数

1. **虚数单位**

图 2-7 给出的直角坐标系复数平面，在这个复数平面上定义虚数单位为：

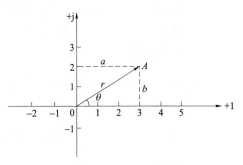

图 2-7　在复平面上表示复数

$$j = \sqrt{-1}$$

即

$$j^2 = -1, \quad j^3 = -j, \quad j^4 = 1$$

虚数单位 j 又叫作 90° 旋转因子。

2. 复数的表达式

一个复数 Z 有以下四种表达式。

（1）直角坐标式（代数式）：

$$Z = a + jb$$

式中，a 叫作复数 Z 的实部，b 叫作复数 Z 的虚部。

在直角坐标系中，以横坐标为实数轴，纵坐标为虚数轴，这样构成的平面叫作复平面。任意一个复数都可以在复平面上表示出来。例如复数 $A = 3 + j2$ 在复平面上的表示如图 2-7 所示。

（2）三角函数式。

在图 2-7 中，复数 Z 与 x 轴的夹角为 θ，因此可以写成：

$$Z = a + jb = |Z|(\cos\theta + j\sin\theta)$$

式中 $|Z|$ 叫作复数 Z 的模，又称为 Z 的绝对值，也可用 r 表示，即 $r = |Z| = \sqrt{a^2 + b^2}$，$\theta$ 叫作复数 Z 的辐角，从图 2-7 中可以看出：

$$\theta = \begin{cases} \arctan\dfrac{b}{a} & (a > 0) \\[2mm] \pi - \arctan\dfrac{b}{|a|} & (a < 0, b > 0) \\[2mm] -\pi + \arctan\left|\dfrac{b}{a}\right| & (a < b, b < 0) \end{cases}$$

复数 Z 的实部 a、虚部 b 与模 $|Z|$ 构成一个直角三角形。

（3）指数式。

利用欧拉公式，可以把三角函数式的复数改写成指数式，即 $Z = |Z|(\cos\theta + j\sin\theta) = |Z|e^{j\theta}$

（4）极坐标式（相量式）。

复数的指数式还可以改写成极坐标式，即 $Z = |Z| \angle \theta$。

以上四种表达式是可以相互转换的，即可以从任一个式子导出其他三种形式。

例 2.3　将下列复数改写成极坐标式：

（1）$Z_1 = 2$;　　（2）$Z_2 = j5$;　　（3）$Z_3 = -j9$;　　（4）$Z_4 = -10$;

（5）$Z_5 = 3 + j4$;　　（6）$Z_6 = 8 - j6$;　　（7）$Z_7 = -6 + j8$;　　（8）$Z_8 = -8 - j6$。

解：利用关系式 $Z = a + jb = |Z| \angle \theta$，$|Z| = \sqrt{a^2 + b^2}$，$\theta = \arctan\dfrac{b}{a}$，计算如下：

（1）$Z_1 = 2 = 2 \angle 0°$;

（2）$Z_2 = j5 = 5 \angle 90°$（j 代表 90° 旋转因子，即将 "5" 作逆时针旋转 90°）;

（3）$Z_3 = -j9 = 9 \angle -90°$（-j 代表 -90° 旋转因子，即将 "9" 作顺时针旋转 90°）;

（4）$Z_4 = -10 = 10 \angle \pm 180°$ ；

（5）$Z_5 = 3 + j4 = 5 \angle 53.1°$ ；

（6）$Z_6 = 8 - j6 = 10 \angle -36.9°$ ；

（7）$Z_7 = -6 + j8 = 10 \angle 126.9°$ ；

（8）$Z_8 = -8 - j6 = 10 \angle -143.1°$ 。

3．复数的四则运算

设 $Z_1 = a + jb = |Z_1| \angle \alpha$ ，$Z_2 = c + jd = |Z_2| \angle \beta$ ，复数的运算规则为：

（1）加减法 $\quad Z_1 \pm Z_2 = (a \pm c) + j(b \pm d)$

（2）乘法 $\quad Z_1 Z_2 = |Z_1||Z_2| \angle \alpha + \beta$

（3）除法 $\quad \dfrac{Z_1}{Z_2} = \dfrac{|Z_1|}{|Z_2|} \angle \alpha - \beta$

（4）乘方 $\quad Z_1^n = |Z_1^n| \angle n\alpha$

例 2.4 已知 $Z_1 = 8 - j6$，$Z_2 = 3 + j4$。试求：

（1）$Z_1 + Z_2$；（2）$Z_1 - Z_2$；（3）$Z_1 \cdot Z_2$；（4）Z_1/Z_2。

解：（1）$Z_1 + Z_2 = (8 - j6) + (3 + j4) = 11 - j2 = 11.18 \angle -10.3°$

（2）$Z_1 - Z_2 = (8 - j6) - (3 + j4) = 5 - j10 = 11.18 \angle -63.4°$

（3）$Z_1 \cdot Z_2 = (10 \angle -36.9°) \times (5 \angle 53.1°) = 50 \angle 16.2°$

（4）$Z_1 / Z_2 = (10 \angle -36.9°) \div (5 \angle 53.1°) = 2 \angle -90°$

二、正弦量的复数表示法

正弦量可以用复数表示，即可用振幅相量或有效值相量表示，但通常用有效值相量表示。其表示方法是用正弦量的有效值作为复数相量的模、用初相角作为复数相量的辐角。

正弦电流 $i = I_\mathrm{m} \sin(\omega t + \varphi_i)$ 的相量表达式为：

$$\dot{I} = \frac{I_\mathrm{m}}{\sqrt{2}} \mathrm{e}^{j\varphi_i} = I \angle \varphi_i$$

正弦电压 $u = U_\mathrm{m} \sin(\omega t + \varphi_u)$ 的相量表达式为：

$$\dot{U} = \frac{U_\mathrm{m}}{\sqrt{2}} \mathrm{e}^{j\varphi_u} = U \angle \varphi_u$$

例 2.5 把正弦量 $u = 311\sin(314t + 30°)$ V，$i = 4.24\sin(314t - 45°)$ A 用相量表示。

解：（1）正弦电压 u 的有效值为 $U = 0.707 \times 311 = 220$（V），初相 $\varphi_u = 30°$，所以它的相量为

$$\dot{U} = U \angle \varphi_u = 220 \angle 30° \text{ V}$$

（2）正弦电流 i 的有效值为 $I = 0.707 \times 4.24 = 3$（A），初相 $\varphi_i = -45°$，所以它的相量为

$$\dot{I} = I \angle \varphi_i = 3 \angle -45° \text{ A}$$

例 2.6　把下列正弦相量用三角函数的瞬时值表达式表示，设角频率均为ω：

（1）$\dot{U} = 120\angle{-37°}$ V；　（2）$\dot{I} = 5\angle{60°}$ A。

解：$u = 120\sqrt{2}\sin(\omega t - 37°)$ V，$i = 5\sqrt{2}\sin(\omega t + 60°)$ A。

例 2.7　已知 $i_1 = 3\sqrt{2}\sin(\omega t + 30°)$ A，$i_2 = 4\sqrt{2}\sin(\omega t - 60°)$ A。试求 $i_1 + i_2$。

解：首先用复数相量表示正弦量 i_1、i_2，即

$$\dot{I}_1 = 3\angle{30°}\ \text{A} = 3(\cos 30° + j\sin 30°) = 2.598 + j1.5\ \text{A}$$

$$\dot{I}_2 = 4\angle{-60°}\ \text{A} = 4(\cos 60° - j\sin 60°) = 2 - j3.464\ \text{A}$$

然后作复数加法：$\dot{I}_1 + \dot{I}_2 = 4.598 - j1.964 = 5\angle{-23.1°}$ A

最后将结果还原成正弦量：$i_1 + i_2 = 5\sqrt{2}\sin(\omega t - 23.1°)$ A。

三、正弦交流电量的相量图表示法

正弦交流电的相量表示如图 2-8 所示。

图中矢量的长度表示正弦交流电的最大值（也可用有效值表示）；矢量与横轴的夹角表示初相，$\varphi_0 > 0$ 则在横轴的上方，$\varphi_0 < 0$ 则在横轴的下方；矢量以 ω 角速度逆时针旋转。

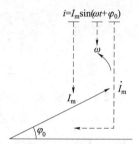

图 2-8　正弦交流电的相量表示

例 2.8　将正弦交流电流 $i = 10\sqrt{2}\sin\left(314t + \dfrac{\pi}{3}\right)$ A 用旋转矢量表示。

解：选定矢量长度为 $10\sqrt{2}$，与横轴夹角为 $\dfrac{\pi}{3}$，以 314 rad/s 的角速度逆时针旋转，可得旋转矢量如图 2-9 所示。

例 2.9　某两个正弦交流电流，其最大值为 $2\sqrt{2}$ A 和 $3\sqrt{2}$ A，初相为 $\dfrac{\pi}{3}$ 和 $-\dfrac{\pi}{6}$，角频率为 ω，作出它们的旋转矢量，写出其对应的解析式。

解：分别选定 $2\sqrt{2}$ 和 $3\sqrt{2}$ 为矢量长度，在横轴上方 $\dfrac{\pi}{3}$ 和下方 $\dfrac{\pi}{6}$ 角度作矢量，它们都以同样 ω 角速度逆时针旋转，如图 2-10 所示。它们所对应的解析式为：

$$i_1 = 2\sqrt{2}\sin\left(\omega t + \dfrac{\pi}{3}\right)\text{A}$$

$$i_2 = 3\sqrt{2}\sin\left(\omega t - \dfrac{\pi}{6}\right)\text{A}$$

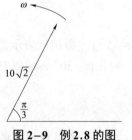

图 2-9　例 2.8 的图

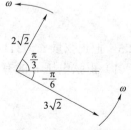

图 2-10　例 2.9 的图

注意：不同频率的正弦交流电是不能画在一个图上的。

2.3.3　单一元件的交流电路

由交流电源、用电器、连接导线和开关等组成的电路称为交流电路。若电源中只有一个交变电动势，则称单相交流电路。交流负载一般是电阻、电感、电容或它们的不同组合。我们把负载中只有电阻的交流电路称为纯电阻电路；只有电感的电路称为纯电感电路；只有电容的电路称为纯电容电路。严格地讲，几乎没有单一参数的纯电路存在，但为分析交流电路的方便，常常先从分析纯电路所具有的特点着手。

由于交流电路中的电压和电流都是交变的，因而有两个作用方向。为分析电路时方便，常把其中的一个方向规定为正方向，且同一电路中的电压和电流以及电动势的正方向完全一致，即三者的关系与直流电路相同。

一、电阻元件交流电路

只含有电阻的交流电路，在实用中常常遇到，如白炽灯、电阻炉等。电路中电阻起决定性作用，电感、电容的影响可忽略不计的电路可视为纯电阻电路。

1. 电压与电流的关系

（1）纯电阻电路如图 2-11（a）所示。设图示方向为参考方向，电压的初相为零。即

$$u = U_m \sin \omega t$$

根据欧姆定律 $i = \dfrac{u}{R} = \dfrac{U_m}{R} \sin \omega t$ 得：

$$i = I_m \sin \omega t$$

（2）纯电阻电路中电流和电压的关系（波形如图 2-11（b）所示）为：

① 电压 u 和电流 i 的频率相同。

② 电压 u 和电流 i 的相位相同。

③ 最大值和有效值仍然满足欧姆定律：

$$I_m = \frac{U_m}{R}, \quad I = \frac{U}{R}$$

④ 电阻两端电压与电流的相量关系为：

$$\dot{U} = R\dot{I}$$

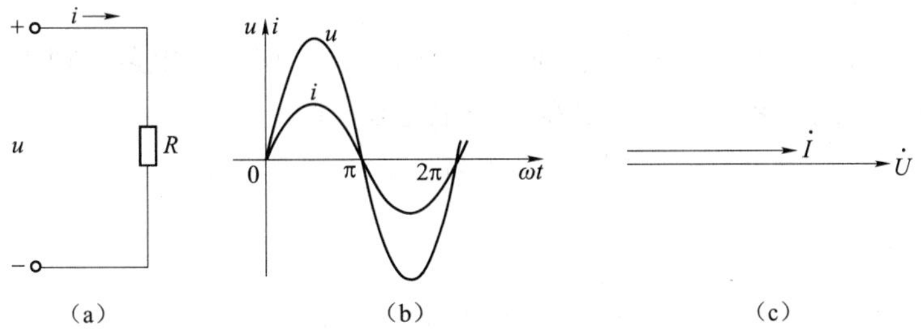

图 2-11　纯电阻电路

（a）电路图；（b）电压和电流的波形；（c）矢量图

（3）相量关系如图 2-11（c）所示。

2. 功率

（1）瞬时功率：每个瞬间电压与电流的乘积。

$$p=u \cdot i=U_m\sin\omega t \cdot I_m\sin\omega t=U_m I_m\sin^2\omega t=2\,U I\sin^2\omega t$$

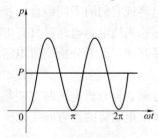

纯电阻电路瞬时功率随时间的变化曲线如图 2-12 所示。

纯电阻瞬时功率始终在横轴上方，说明它总为正值，它总是在从电源吸收能量，是个耗能元件。

（2）有功功率（平均功率）。

有功功率（平均功率）：取瞬时功率在一个周期内的平均值。其数学表达式为

图 2-12 纯电阻电路有功功率

$$P=\frac{U_m I_m}{2}$$

或

$$P=UI=R^2 I=\frac{U^2}{R}$$

有功功率是一定值，是电流和电压有效值的乘积，也是电流和电压最大值乘积的一半。

例 2.10 电炉的额定电压 U_N=220 V，额定功率 P_N=1 000 W，把它接到 220 V 的工频交流电源上工作，求电炉的电流和电阻值。如果连续使用 2 h，它所消耗的电能是多少？

解：电炉接在 220 V 交流电源上，它就工作在额定状态，这时流过的电流就是额定电流，因为电炉可以看成是纯电阻负载，所以

$$I_N=\frac{P_N}{U_N}=\frac{1\,000}{220}=4.55\,（A）$$

它的电阻值为

$$R=\frac{U}{I}=\frac{220}{4.55}=48.4\,（\Omega）$$

工作 2 h 消耗的电能为

$$W=Pt=1\,000×2=2\,000\,（W \cdot h）=2\,（kW \cdot h）$$

二、电感元件交流电路

1. 电压与电流的关系

（1）纯电感线圈：当线圈的电阻小到可以忽略不计的程度，电路可视为纯电感电路。设图 2-13（a）所示方向为参考方向，电流的初相为零，即

$$i=I_m\sin\omega t$$

经整理可得

$$u=\omega L I_m\sin\left(\omega t+\frac{\pi}{2}\right)$$

或

$$u=U_m\sin\left(\omega t+\frac{\pi}{2}\right)$$

（2）纯电感电路电流和电压的关系为：

① 电压和电流的频率相同，即同频。

② 电压和电流的相位互差 $\dfrac{\pi}{2}$，电压在相位上超前电流 $\dfrac{\pi}{2}$，其波形如图 2-13（b）所示。

③ 电压和电流的最大值之间和有效值之间的关系分别为

$$U_m = \omega L I_m = X_L I_m, \quad U = X_L I$$

式中 $X_L = \omega L = 2\pi f L$ 称为电感的电抗，简称感抗，感抗的单位是欧［姆］（Ω）。

④ 电感元件两端电压与电流的相量关系为：

$$\dot{U} = j X_L \dot{I}$$

（3）电压和电流的相量关系如图 2-13（c）所示。

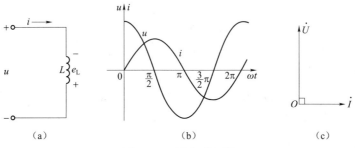

图 2-13　纯电感电路

（a）电路图；（b）电压和电流的波形；（c）矢量图

2. 功率

（1）瞬时功率：

$$p = u \cdot i = U_m \sin\left(\omega t + \frac{\pi}{2}\right) I_m \sin \omega t$$

$$= U_m I_m \cos \omega t \cdot \sin \omega t$$

$$= U I \sin 2\omega t$$

其变化曲线如图 2-14 所示。

① 瞬时功率以电流或电压 2 倍频率变化。

② 当 $p > 0$ 时，电感从电源吸收电能转换成磁场能储存在电感中；当 $p < 0$ 时，电感中储存的磁场能转换成电能送回电源。

③ 瞬时功率 p 的波形在横轴上、下的面积是相等的，所以电感不消耗能量，是个储能元件。

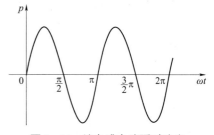

图 2-14　纯电感电路瞬时功率

（2）有功功率。

电感的有功功率根据理论计算可得

$$P = 0$$

电感有功功率为零，说明它并不耗能，只是将能量不停地吸收和释放。

（3）无功功率。

无功功率：电感与电源之间有能量的往返互换，这部分功率没有消耗掉。互换功率的大小用其瞬时功率最大值来衡量。

$$Q = UI = X_L I^2 = \frac{U^2}{X_L}$$

无功功率的单位用乏（var）表示。

例 2.11 有一电阻可以忽略的电感线圈，电感 $L = 300$ mH。把它接到 $u = 220\sqrt{2}\sin\omega t$ V 的工频交流电源上，求电感线圈的电流有效值和无功功率。若把它改接到有效值为 100 V 的另一交流电源上，测得其电流为 0.4 A，求该电源的频率是多少？

解：（1）电压 $u = 220\sqrt{2}\sin\omega t$ V 的工频交流电压的有效值为 220 V，f 为 50 Hz。

电感电抗为

$$X_L = \omega L = 2\pi f L = 2 \times 3.14 \times 50 \times 300 \times 10^{-3} = 94.2 \ (\Omega)$$

电感电流为

$$I = \frac{U}{X_L} = \frac{220}{94.2} = 2.34 \ (A)$$

无功功率为

$$Q = UI = 220 \times 2.34 = 514.8 \ (var)$$

（2）接 100 V 交流电源时：

电感电抗为

$$X_L = \frac{U}{I} = \frac{100}{0.4} = 250 \ (\Omega)$$

电源频率为

$$f = \frac{X_L}{2\pi L} = \frac{250}{2 \times 3.14 \times 300 \times 10^{-3}} = 133 \ (Hz)$$

三、电容元件交流电路

1. 电流和电压的关系

（1）纯电容电路如图 2-15（a）所示。

设图 2-15（a）所示方向为参考方向，电压初相为零，即

$$u = U_m \sin\omega t$$

整理可得

$$i = \omega C U_m \cos\omega t$$

$$i = I_m \sin\left(\omega t + \frac{\pi}{2}\right)$$

（2）纯电容电路的电流和电压的关系［波形如图 2-15（b）所示］为：

① 电流和电压的频率相同，即同频。

② 电流和电压的相位互差 $\frac{\pi}{2}$，电流在相位上超前电压 $\frac{\pi}{2}$，即电压在相位上滞后电流 $\frac{\pi}{2}$。

③ 电流和电压的最大值之间和有效值之间的关系为

$$I_m = \omega C U_m = \frac{U_m}{\frac{1}{\omega C}} = \frac{U_m}{X_C}$$

$$I = \frac{U}{X_C}$$

式中 $X_C = \dfrac{1}{\omega C} = \dfrac{1}{2\pi f C}$ 称为电容的电抗，简称容抗，单位为欧［姆］（Ω）。

④ 电容元件两端电压与电流的相量关系为：

$$\dot{U} = -\mathrm{j} X_C \dot{I}$$

（3）电压和电流的相量关系如图 2-15（c）所示。

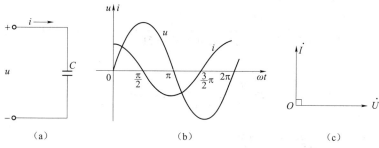

图 2-15　纯电容电路

（a）电路图；（b）电压和电流的波形；（c）矢量图

2. 功率

（1）瞬时功率：

$$
\begin{aligned}
p &= u \cdot i = U_m \sin\omega t \cdot I_m \sin\left(\omega t - \frac{\pi}{2}\right)\\
&= U_m I_m \sin\omega t \cdot \cos\omega t\\
&= UI \sin 2\omega t
\end{aligned}
$$

瞬时功率随时间的变化曲线如图 2-16 所示。

① 瞬时功率以 u、i 的 2 倍频变化。

② 当 $p > 0$ 时，电容从电源吸收电能转换成电场能储存在电容中；当 $p < 0$ 时，电容中储存的电场能转换成电能送回电源。

③ 电容不消耗电能，是个储能元件。

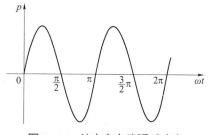

图 2-16　纯电容电路瞬时功率

（2）有功功率。

电容的有功功率为零。它不耗能，只是将能量不停地吸收和释放。

$$P = 0$$

（3）无功功率。

电容的无功功率为

$$Q = UI = X_C I^2 = \frac{U^2}{X_C}$$

其单位是乏（var）。

例 2.12　有一个 50 μF 的电容器，接到 $u = 220\sqrt{2}\,\sin\omega t$ V 工频交流电源上，求电容的电流有效值和无功功率。若将交流电压改为 500 Hz 时，求通过电容器的电流为多少？

解：（1）$u = 220\sqrt{2}\,\sin\omega t$ V 工频交流电压的有效值为 220 V，频率为 50 Hz，电容容抗为：

$$X_C = \frac{1}{\omega C} = \frac{1}{2\pi f C} = \frac{1}{2\times 3.14\times 50\times 50\times 10^{-6}} = 64 \text{（Ω）}$$

电容电流为：

$$I = \frac{U}{X_C} = \frac{220}{64} = 3.4 \text{（A）}$$

无功功率为：

$$Q = UI = 220\times 3.4 = 748 \text{（var）}$$

（2）当 $f = 500$ Hz 时电容容抗为：

$$X_C = \frac{1}{\omega C} = \frac{1}{2\pi f C} = \frac{1}{2\times 3.14\times 500\times 50\times 10^{-6}} = 6.4 \text{（Ω）}$$

通过电容的电流为：

$$I = \frac{U}{X_C} = \frac{220}{6.4} = 34.4 \text{（A）}$$

2.3.4 电阻、电感和电容串联电路

一、RLC 串联电路电流与电压的关系

（1）电路如图 2-17 所示，设电路中电流初相角为零，即

$$i = I_m \sin\omega t$$

那么

$$u_R = U_{Rm}\sin\omega t = R\,I_m\sin\omega t$$

$$u_L = U_{Lm}\sin\left(\omega t + \frac{\pi}{2}\right) = X_L I_m \sin\left(\omega t + \frac{\pi}{2}\right)$$

$$u_C = U_{Cm}\sin\left(\omega t - \frac{\pi}{2}\right) = X_C I_m \sin\left(\omega t - \frac{\pi}{2}\right)$$

$$u = u_R + u_L + u_C$$

$$= U_{Rm}\sin\omega t + U_{Lm}\sin\left(\omega t + \frac{\pi}{2}\right) + U_{Cm}\sin\left(\omega t - \frac{\pi}{2}\right)$$

$$= U_m\sin(\omega t + \varphi)$$

（2）相量图，如图 2-18 所示（设 $X_L > X_C$，即 $U_L > U_C$）。

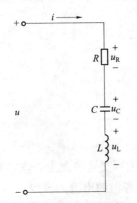

图 2-17 RLC 串联电路

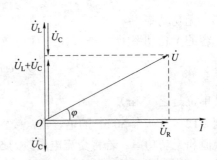

图 2-18 RLC 串联电路矢量图

由相量图可见：

① 电源电压矢量为电阻、电感和电容电压矢量之和，即

$$\dot{U} = \dot{U}_R + \dot{U}_L + \dot{U}_C$$

由相量图可得：

$$U = \sqrt{U_R^2 + (U_L - U_C)^2}$$

$$\varphi = \arctan \frac{U_L - U_C}{U_R}$$

可得电压三角形，如图 2–19（a）所示。

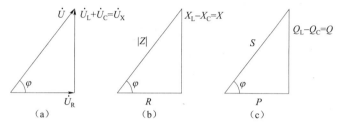

图 2–19 *RLC* 串联电路三角形

（a）电压三角形；（b）阻抗三角形；（c）功率三角形

② 阻抗：

$$U = \sqrt{U_R^2 + (U_L - U_C)^2} = I\sqrt{R^2 + (X_L - X_C)^2}$$

$$= \sqrt{R^2 + X^2}\, I = |Z| \, I$$

阻抗 Z、电阻 R 和电抗 X 构成一个与图 2–19（a）相似的三角形，如图 2–19（b）所示，这个三角形不是相量。

$$\varphi = \arctan \frac{X_L - X_C}{R} = \arctan \frac{X}{R}$$

二、*RLC* 串联电路的功率

1. 有功功率

电阻是耗能元件，即电阻消耗的功率就是该电路的有功功率

$$P = IU_R = IU\cos\varphi$$

式中，$U_R = U\cos\varphi$ 可看作是总电压 U 的有功分量；φ 是电路的功率因数角。

2. 无功功率

在电阻、电感和电容串联电路中，电感和电容都与电源进行能量交换，当电感吸收能量时（$P_L > 0$），此时电容正好释放能量（$P_C < 0$）；反之电容吸收能量时（$P_C > 0$），电感释放能量（$P_L < 0$），它们之间进行能量交换的差值才与电源进行交换。即只有当电感和电容相互交换能量不足部分，才与电源进行交换，所以整个电路的无功功率为

$$Q = Q_L - Q_C = (U_L - U_C)I = U_X I$$

$$Q = UI\sin\varphi$$

3. 视在功率

根据视在功率的定义可知

$$S=UI$$

其单位是伏安（V·A）。

$$S = \sqrt{P^2 + Q^2} = \sqrt{P^2 + (Q_L - Q_C)^2}$$

由 S、P、Q 可构成功率三角形如图 2–19（c）所示。

功率三角形不是矢量三角形，并且与电压三角形、阻抗三角形相似，可得

$$\varphi = \arctan\frac{Q}{P} = \arctan\frac{Q_L - Q_C}{P}$$

三、RLC 串联电路呈现的三种性质

由于 R、L、C 及 f 等参数的不同，电路对外会分别呈现出三种不同的性质。

（1）呈感性。当 $X_L > X_C$ 时，则 $U_L > U_C$，$Q_L > Q_C$，电路呈感性，电路中电压超前电流，其矢量图如图 2–20（a）所示。

（2）呈容性。当 $X_L < X_C$ 时，则 $U_L < U_C$，$Q_L < Q_C$，电路呈容性，电路中电压滞后电流，其矢量图如图 2–20（b）所示。

（3）呈阻性。当 $X_L = X_C$ 时，则 $U_L = U_C$，$Q_L = Q_C$，电路呈阻性，电路中电压和电流同相，其矢量图如图 2–20（c）所示。此时电路的状态也称为谐振。

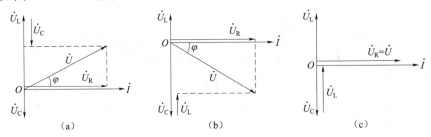

图 2–20 R、L、C 串联电路的性质

（a）呈感性；（b）呈容性；（c）呈阻性

例 2.13 一个线圈的电阻 $R=250\ \Omega$，电感 $L = 1.2\ \text{H}$ 和一个电容 $C=10\ \mu\text{F}$ 的电容器相串联，外加电压 $u=220\sqrt{2}\sin 314t\ \text{V}$。求电路中的电流 I，电压 U_R、U_L、U_C 和线圈两端电压 U_{RL}，及电路总的有功功率 P、无功功率 Q 和视在功率 S。

解： 线圈的感抗为：

$$X_L = 2\pi fL = \omega L = 314 \times 1.2 = 376.8\ (\Omega)$$

电容的容抗为：

$$X_C = \frac{1}{\omega C} = \frac{1}{314 \times 10 \times 10^{-6}} = 318.5\ (\Omega)$$

电路总阻抗为：

$$|Z| = \sqrt{R^2 + (X_L - X_C)^2} = \sqrt{250^2 - (376.8 - 318.5)^2} = 256.7\ (\Omega)$$

电路总电流为：

$$I = \frac{U}{|Z|} = \frac{220}{256.7} = 0.857\ (\text{A})$$

电阻电压有效值为:

$$U_R = RI = 250 \times 0.857 = 214.3 \text{（V）}$$

电感电压有效值为:

$$U_L = X_L I = 376.8 \times 0.857 = 322.9 \text{（V）}$$

电容电压有效值为:

$$U_C = X_C I = 318.5 \times 0.857 = 273.0 \text{（V）}$$

电感线圈两端电压有效值为:

$$U_{RL} = \sqrt{U_R^2 + U_L^2} = \sqrt{214.3^2 + 322.9^2} = 387.5 \text{（V）}$$

电路总有功功率为:

$$P = R I^2 = 250 \times 0.857^2 = 183.6 \text{（W）}$$

电路的无功功率为:

$$Q = X I^2 = (X_L - X_C) I^2 = (376.8 - 318.5) \times 0.875^2 = 42.8 \text{（var）}$$

电路的视在功率为:

$$S = UI = 220 \times 0.857 = 188.5 \text{（V·A）}$$

2.3.5 功率因数

一、功率因数的概念

在交流电路中，电源提供的电功率可分为两种：一种是有功功率 P，另一种是无功功率 Q。为表示电源视在功率被利用的程度，常用功率因数来表示。

功率因数：有功功率与视在功率的比值（用 λ 表示），即

$$\lambda = \cos \varphi = \frac{P}{S}$$

式中，φ 为电流和电压的相位差，称为功率因数角。

$\cos \varphi = 1$、$P = S$ 这种情况发生在纯电阻电路中，其无功功率 $Q = 0$。

$\cos \varphi = 0$、$P = 0$ 这种情况发生在纯电感电路和纯电容电路中，其无功功率 $Q = S$。

二、提高功率因数的意义

（1）充分利用供电设备的容量，使同样的供电设备为更多的用电器供电。

每个供电设备都有额定的容量，即视在功率 $S = UI$。供电设备输出的总功率 S 中，一部分为有功功率 $P = S \cos \varphi$，另一部分为无功功率 $Q = S \sin \varphi$。$\cos \varphi$ 越小，电路中的有功功率 $P = S \cos \varphi$ 就越小，提高 $\cos \varphi$ 的值，可使同等容量的供电设备向用户提供更多的功率。因此，提高了供电设备的能量利用率。

例2.14 一台发电机的额定电压为 220 V，输出的总功率为 4 400 kV·A。试求：（1）该发电机能带动多少台 220 V、4.4 kW、$\cos \varphi = 0.5$ 的用电器正常工作？（2）该发电机能带动多少台 220 V、4.4 kW、$\cos \varphi = 0.8$ 的用电器正常工作？

解:（1）每台用电器占用电源的功率:

$$S_{1台} = \frac{P_{N1台}}{\cos \varphi} = \frac{4.4}{0.5} = 8.8 \text{（kV·A）}$$

该发电机能带动的电器台数:

$$n = \frac{S_{\text{N电源}}}{S_{\text{1台}}} = \frac{4\ 400 \times 10^3}{8.8 \times 10^3} = 500（台）$$

（2）每台用电器占用电源的功率：

$$S_{\text{1台}} = \frac{P_{\text{N1台}}}{\cos\varphi} = \frac{4.4}{0.8} = 5.5（\text{kV·A}）$$

该发电机能带动的电器台数：

$$n = \frac{S_{\text{N电源}}}{S_{\text{1台}}} = \frac{4\ 400 \times 10^3}{5.5 \times 10^3} = 500（台）$$

可见，功率因数从 0.5 提高到 0.8，发电机正常供电的用电器的台数即从 500 台提高到 800 台，使同样的供电设备为更多的用电器供电，大大提高供电设备的能量利用率。

（2）减少供电线路上的电压降和能量损耗。

我们知道，$P = IU\cos\varphi$，$I = P/(U\cos\varphi)$，故用电器的功率因数越低，则用电器从电源吸取的电流就越大，输电线路上的电压降和功率损耗就越大；用电器的功率因数越高，则用电器从电源吸取的电流就越小，输电线路上的电压降和功率损耗就越小。故提高功率因数，能减少供电线路上的电压降能量损耗。

例 2.15　一台发电机以 400 V 的电压输给负载 6 kW 的电力，如果输电线总电阻为 1Ω，试计算：

（1）负载的功率因数从 0.5 提高到 0.75 时，输电线上的电压降可减小多少？

（2）负载的功率因数从 0.5 提高到 0.75 时，输电线上一天可少损失多少电能？

解：（1）$\cos\varphi = 0.5$ 时，输电线上的电流 $I_1 = \dfrac{P}{U\cos\varphi} = \dfrac{6 \times 10^3}{400 \times 0.5} = 30（\text{A}）$

输电线上的电压降 $\Delta U_1 = I_1 R = 30 \times 1 = 30（\text{V}）$

$\cos\varphi = 0.75$ 时，输电线上的电流 $I_2 = \dfrac{P}{U\cos\varphi} = \dfrac{6 \times 10^3}{400 \times 0.75} = 20（\text{A}）$

输电线上电压降减小的数值：$\Delta U = \Delta U_1 - \Delta U_2 = 30 - 20 = 10（\text{V}）$

（2）$\cos\varphi = 0.5$ 时输电线上的功率损耗：$P_{1损} = I_1^2 R = 30^2 \times 1 = 900（\text{W}）$

$\cos\varphi = 0.75$ 时输电线上的功率损耗：$P_{2损} = I_2^2 R = 20^2 \times 1 = 400（\text{W}）$

输电线上一天可少损失的电能 $\Delta W = (900 - 400) \times 24 = 12\ 000（\text{W·h}） = 12（度）$

三、提高功率因数的方法

1. 合理选用电气设备及其运行方式

（1）尽量减少变压器和电动机的浮装容量，减少大马拉小车现象；

（2）调整负荷，提高设备的利用率，减少空载、轻载运行的设备；

（3）对负载有变化且经常处于轻载运行状态的电动机，采用△-Y 自动切换方式运行。

2. 在感性负载上并联电容器提高功率因数

感性负载电路中的电流落后于电压，并联电容器后可产生超前电压 90° 的电容支路电流，抵减落后于电压的电流，使电路的总电流减小，从而减小阻抗角，提高功率因数。其电路和相量图如图 2-21 和图 2-22 所示。用串联电容器的方法也可提高电路的功率因数，但串联电容器使电路的总阻抗减小，总电流增大，从而加重电源的负担，因而不用串联电容器的方法来提高电路的功率因数。例如，设负载的端电压为 U，电压频率为 f，电源供给负载的功率为 P，功率因数为 $\cos\varphi_1$，要将负载的功率因数从 $\cos\varphi_1$ 提高到 $\cos\varphi_2$，问需在负载两端并联多大的电容？

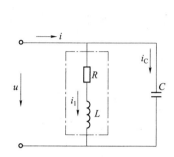

图 2—21　感性负载并联电容器

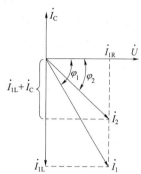

图 2—22　感性负载并联电容器相量图

解： 设并联电容量为 C 的电容器电路的功率因数从 $\cos\varphi_1$ 提高到 $\cos\varphi_2$，则：

$$I_C = I_1 \sin\varphi_1 - I_2 \sin\varphi_2 = \frac{P}{U\cos\varphi_1}\sin\varphi_1 - \frac{P}{U\cos\varphi_2}\sin\varphi_2$$

$$= \frac{P}{U}\tan\varphi_1 - \frac{P}{U}\tan\varphi_2 = \frac{P}{U}(\tan\varphi_1 - \tan\varphi_2)$$

$$= \frac{U}{X_C} = 2\pi fCU$$

$$C = \frac{P}{2\pi fU^2}(\tan\varphi_1 - \tan\varphi_2)$$

式中　P ——电源供给负载的有功功率，W；

　　　U ——负载的端电压，V；

　　　φ_1 ——并联电容前电路的阻抗角；

　　　φ_2 ——并联电容后电路的阻抗角；

　　　f ——电源频率，Hz；

　　　C ——并联电容器的电容量。

例 2.16　有一感性负载，接于 380 V、50 Hz 的电源上，负载的功率 $P = 20$ kW，功率因数 $\cos\varphi = 0.6$，若将此负载的功率因数提高到 0.9。求并联电容器的电容量和并联电容器前后电路中的电流。

解： $C = \dfrac{P}{2\pi fU^2}(\tan\varphi_1 - \tan\varphi_2) = \dfrac{P}{2\pi fU^2}(\tan\arccos 0.6 - \tan\arccos 0.9)$

$$= \frac{20\times10^3}{2\times3.14\times50\times380^2}(\tan 53.13° - \tan 25.84°) = \frac{20\times10^3}{2\times3.14\times50\times380^2}(1.333 - 0.484)$$

$$= 374\times10^{-6}(\text{F}) = 374(\mu\text{F})$$

并联电容前、后电路的电流分别为：

$$I_1 = \frac{P}{U\cos\varphi_1} = \frac{20\times10^3}{380\times0.6} = 87.7\,(\text{A}),\quad I_2 = \frac{P}{U\cos\varphi_1} = \frac{20\times10^3}{380\times0.9} = 58.5\,(\text{A})$$

例 2.17 某单位原来用电功率为 70 kW，用电设备的功率因数为 0.7，由一台容量 $S = 100\,\text{kV·A}$，额定电压 $U = 220\,\text{V}$ 的三相变压器配电。现用电功率增至 90 kW，问：

（1）如果电路的功率因数不变，则需换用多大容量的变压器？

（2）能否在变压器低压侧并联电容使原变压器满足现在的配电要求，如可以，则需用多大电容？

解：（1）如果电路的功率因数不变，则须换用的变压器的容量为：

$$S = \frac{P}{\cos\varphi} = \frac{90}{0.7} \approx 129\,(\text{kV·A})$$

（2）如在变压器低压侧并联电容使原变压器满足现在的配电要求，则电路的功率因数需提高为：

$$\cos\varphi = \frac{P}{S} = \frac{90}{100} = 0.9$$

这是可以做到的，因此可用在变压器低压侧并联电容的方法使原变压器满足现在的配电要求。所需的电容器的总容量为：

$$C = \frac{P}{2\pi f U^2}(\tan\varphi_1 - \tan\varphi_2) = \frac{P}{2\pi f U^2}(\tan\arccos 0.7 - \tan\arccos 0.9)$$

$$= \frac{70\times10^3}{2\times3.14\times50\times220^2}(\tan 45.57° - \tan 25.84°) = \frac{70\times10^3}{2\times3.14\times50\times220^2}(1.020 - 0.484)$$

$$\approx 2\,467\times10^{-6}\,(\text{F})$$

2.4 实践知识——家用照明电路（日光灯电路）的连接与测试

家用照明电路（日光灯电路）的连接与测试请参见《电工电子技术实训指导书》。

2.5 项 目 实 施

一、分组

将学生进行分组，通常 3～5 人一组，选出小组负责人，下达任务。

二、讲解项目原理及具体要求

（1）完成线路连接。

（2）完成线路检测。

三、学生具体实施

学生根据项目内容，分组讨论，查阅资料，给出总体设计方案，到实验实训室进行相关测量实验，在以上过程中，教师要起主导作用，实时指导，并控制项目实施节奏，保证在规定课时内完成该项目。

四、学生展示

学生可以以电子版 PPT、图片或成品的形式对本组的项目实施方案进行阐述，对项目实施成果进行展示。

五、评价

项目评价以自评和互评的形式展开，填写项目自评互评表，教师整体对该项目进行总结，对好的进行表扬，差的指出不足。

在项目具体实施过程中，所需项目方案实施计划单、材料工具清单、项目检查单和项目评价单见书后附录 A、B、C、D。

2.6 习题及拓展训练

一、填空题

1. 已知一正弦交流电源 $i=\sin\left(314t-\dfrac{\pi}{4}\right)$ A，则该交流电的最大值为_____，有效值为_____，初相位为_____，频率为_____，周期为_____，$t=0.1$ s 时，交流电的瞬时值为_____。

2. 交流用电器功率因数越高，其用电效率越_____，要提高感性负载的功率因数，应采取什么方法?

3. 表 2-1 中为日光灯照明电路常见故障及故障原因，请写出排除方法，填写在表中。

表 2-1　日光灯常见故障及排除方法

故障现象	产生原因	排除方法
日光灯不能发光	停电或保险丝烧断导致无电源	
	灯管漏气或灯丝断	
	电源电压过低	
	新装日关灯接线错误	
	电子镇流器整流桥开路	
日光灯灯光抖动或两端发红	接线错误或灯座灯脚松动	
	电子镇流器谐振电容器容量不足或开路	
	灯管老化，灯丝上的电子发射将尽，放电作用降低	
	电源电压过低或线路电压降过大	
	气温过低	
灯光闪烁或管内有螺旋滚动光带	电子镇流器的大功率晶体管开焊接触不良或整流桥接触不良	
	新灯管暂时现象	
	灯管质量差	

续表

故障现象	产生原因	排除方法
灯管两端发黑	灯管老化	
	电源电压过高	
	灯管内水银凝结	
灯管光度降低或色彩转差	灯管老化	
	灯管上积垢太多	
	气温过低或灯管处于冷风直吹位置	
	电源电压过低或线路电压降得太大	
灯管寿命短或发光后立即熄灭、毁坏	开关次数过多	
	新装灯管接线错误将灯管烧坏	
	电源电压过高	
	受剧烈振动，使灯丝振断	
断电后灯管仍发微光	荧光粉余辉特性	
	开关接到了零线上	
灯管不亮，灯丝发红	高频振荡电路不正常	

二、简答题

1. 一只额定电压为220 V的白炽灯，可以接在最大值为311 V的交流电源上吗？为什么？

2. 交流电气设备铭牌上所示的电压值、电流值是什么值？

三、拓展训练

请对项目中的日光灯照明电路进行改进，改进要求为：能在两个不同地点控制日光灯照明电路的开和关。

预备知识：

1. 照明电路的单端和双端控制。

单控开关：只有一个触点（常开触点或常闭触点）能在一处控制电器的开和关。电路如图2-23（a）所示。

双控开关：有两个触点（常开触点和常闭触点），能在两处控制同一个电器的开和关。电路如图2-23（b）所示。

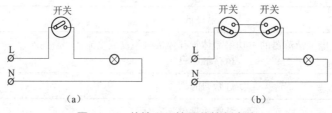

（a）　　　　　　　　　　　　（b）

图2-23　单控和双控开关控制电路

2. 预备资料：

单控开关和双控开关的使用方法见表2-2。

表2-2 单控开关和双控开关的使用方法

名称用途	接线图	使用方法
一个单联开关控制一盏灯		开关装在相线上，接入灯头中心簧片上，零线接入灯头螺纹口接线柱
一个单联开关控制两盏灯		超过两盏灯时按虚线延伸，但要注意灯的总容量不要超出开关的容量
两个单联开关，分别控制一盏灯		用于多个开关控制多盏灯，可延伸接线
两个双联开关在两地，控制一盏灯		用于楼梯或走廊，要求两端都能开灯、关灯的场合

3. 改进后的项目实施（具体流程可参照前述项目）。

项目三　三相电源在自动卷帘门中的应用

日常生活和生产中的用电，基本上是由三相交流电源供给的，特别是在电气动力系统中，几乎全部采用三相交流电，究竟它有些什么优点使得它应用这么广泛呢？与单相交流电相比，三相交流电具有如下优点：

（1）三相发电机比尺寸相同的单相发电机输出的功率要大。

（2）三相发电机的结构和制造不比单相发电机复杂多少，且使用、维护都较方便，运转时比单相发电机的振动要小。

（3）在同样条件输送同样大的功率时，特别是在远距离输电时，三相输电线比单相输电线可节约25%左右的材料。

（4）三相异步电动机是应用最广的动力机械。使用三相交流电的三相异步电动机结构简单、价格低廉、使用维护方便，是工业生产的主要动力源。

由于具有以上优点，所以三相交流电比单相电应用得更广泛，通常的单相交流电源多数也是从三相交流电源中获得的。我们最熟悉的220 V单相交流电，实际上就是三相交流发电机发出来的三相交流电中的一相。因此，三相电路可以看成是由三个频率相同但相位不同的单相电源的组合。本项目主要介绍三相交流电的基本理论和三相交流异步电动机电路的连接与检测的相关技能。学生通过连接一个三相交流电路（自动卷闸门电路），可以学习三相交流电的基本理论和电力电气线路安装的基本操作技能，同时培养用电安全意识和规范的职业素养。

3.1　项目目标

知识目标

掌握三相交流电的基本理论知识。

能力目标

熟悉电气工具的使用方法和电工布线的基本规范，掌握三相电力电路的连接方法，掌握安全用电的基本知识。

情感目标

培养学生的用电安全意识和电气操作职业素养。

3.2 工作情境

图 3-1 所示三相异步电动机正反转控制电路为自动卷闸门的驱动电路，是基本的电气动力电路之一，在日常生活和工作中得到了广泛的应用，本节学生将在学习和连接此电路的过程中掌握三相交流电路的基本理论和电气控制线路连接的基本操作。

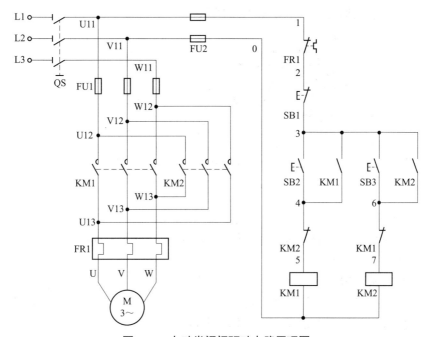

图 3-1　自动卷闸门驱动电路原理图

3.3 理论知识

3.3.1 三相电源

一、三相电源

目前我国乃至世界各国电力系统在发电、输电和配电方面大多采用三相制。三相制就是由三相电源供电的体系。而对称三相电源是由三个等幅值、同频率、相位依次相差 120° 的正弦电压源组成的，它们的电压为：

$$\begin{cases} u_A = U_m \sin \omega t \\ u_B = U_m \sin (\omega t - 120°) \\ u_C = U_m \sin (\omega t + 120°) \end{cases}$$

式中，U_m 为每相电源电压的最大值。

若以 A 相电压 U_A 作为参考，则三相电压的相量形式为：

$$\begin{cases} \dot{U}_A = U_m \ \angle 0° \\ \dot{U}_B = U_m \ \angle -120° \\ \dot{U}_C = U_m \ \angle 120° \end{cases}$$

可以看出：三相电压相位依次相差 120°，其中 A 相超前于 B 相，B 相超前于 C 相，C 相超前于 A 相，这种相序称为正序或顺序，本书中主要讨论正序的情况。若相位依次超前 120°，即 B 相超前于 A 相，C 相超前于 B 相，这种相序称为负序或逆序。

对称三相电源的波形及相量图如图 3-2 所示。

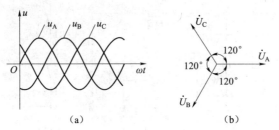

(a)   (b)

图 3-2　对称三相电源的波形及相量图

(a) 波形图；(b) 相量图

由图 3-2 可以看出：对称三相电压满足 $\dot{U}_A + \dot{U}_B + \dot{U}_C = 0$，即对称三相电压的相量之和为零。通常三相发电机产生的都是对称三相电源，本书今后若无特殊说明，提到三相电源时均指对称三相电源。

二、三相电源的连接

三相电源的三相绕组的连接方式有两种：一种是星形（又叫 Y 形）连接，一种是三角形（又叫△形）连接，如图 3-3 所示。对三相发电机来说，通常采用星形接法；三相变压器通常采用三角形连接。

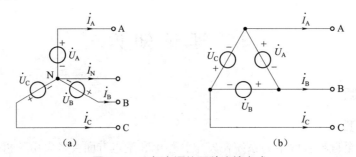

(a)   (b)

图 3-3　三相电源的两种连接方式

(a) 星形连接；(b) 三角形连接

图 3-3（a）所示的星形连接中，从中点引出的导线称为中线，从端点 A、B、C 引出的三根导线称为端线或火线，这种由三根火线和一根中线向外供电的方式称为三相四线制供电方式。除了三相四线制连接方式以外，其他连接方式均属三相三线制。

端线之间的电压称为线电压，分别用 $\dot{U}_{AB}$、$\dot{U}_{BC}$、$\dot{U}_{CA}$ 表示。每一相电源的电压称为相电压，分别为 $\dot{U}_A$、$\dot{U}_B$、$\dot{U}_C$。端线中的电流称为线电流，分别为 $\dot{I}_A$、$\dot{I}_B$、$\dot{I}_C$，各相电源中的电流称为相电流，显然在星形连接的三相电源中线电流等于相电流。

线电压和相电压的相量关系如图 3-4 所示。

根据分析，星形连接中各线电压 U_L 与对应的相电压 U_P 的相量关系为：

$$\begin{cases} \dot{U}_{AB} = \dot{U}_A - \dot{U}_B = \sqrt{3}\dot{U}_A \angle 30° \\ \dot{U}_{BC} = \dot{U}_B - \dot{U}_C = \sqrt{3}\dot{U}_B \angle 30° \\ \dot{U}_{CA} = \dot{U}_C - \dot{U}_A = \sqrt{3}\dot{U}_C \angle 30° \end{cases}$$

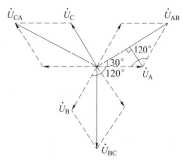

图 3-4 三相电源星形连接时电压相量图

即各线电压 U_L 相位均超前其对应的相电压 U_P 相位 30°，且满足 $U_L = \sqrt{3}U_P$。

图 3-3（b）所示的三角形连接中，是把三相电源依次按正负极连接成一个回路，再从端子 A、B、C 引出导线。三角形连接的三相电源的相电压和线电压、相电流和线电流的定义与星形电源相同。显然，三角形连接的相电压与线电压相等，即：

$$\dot{U}_{AB} = \dot{U}_A, \dot{U}_{BC} = \dot{U}_B, \dot{U}_{CA} = \dot{U}_C$$

3.3.2 三相负载

三相负载可以是三相电器，如三相交流电动机等，也可以是单向负载的组合，如电灯。三相负载的连接方式也有两种：星形连接和三角形连接。当这三个阻抗相等时，称为对称三相负载。将对称三相电源与对称三相负载进行适当的连接就形成了对称三相电路。根据三相电源与负载的不同连接方式可以组成 Y-Y、Y-△、△-Y、△-△连接的三相电路。如图 3-5（a）、（b）分别为 Y-Y 连接方式和 Y-△连接方式。

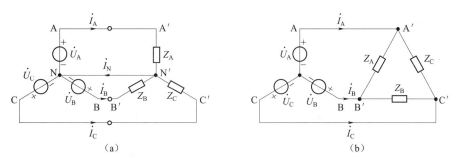

图 3-5 电源与负载的不同连接方式

（a）Y-Y 连接；（b）Y-△连接

三相负载中的相电压和线电压、相电流和线电流的定义为：相电压、相电流是指各相负载阻抗的电压、电流。三相负载的三个端子 A′、B′、C′向外引出的导线中的电流称为负载的线电流，任意两个端子之间的电压称为负载的线电压。

一、三相负载的星形连接

三相负载的星形连接方式如图 3-5（a）所示，Z_A、Z_B、Z_C 表示三相负载，若 $Z_A = Z_B = Z_C = Z$，称其为对称负载；否则，称其为不对称负载。三相电路中，若电源和负载都对称，称为三相对称电路。

在三相四线制电路中，负载相电流等于对应的线电流，即：

$$\dot{I}'_A = \dot{I}'_A, \dot{I}'_B = \dot{I}_B, \dot{I}'_C = \dot{I}_C$$

如果忽略导线阻抗，则各相电流为：

$$\begin{cases} \dot{I}'_A = \dfrac{\dot{U}'_A}{Z_A} = \dfrac{\dot{U}_A}{Z_A} \\[2mm] \dot{I}'_B = \dfrac{\dot{U}'_B}{Z_B} = \dfrac{\dot{U}_B}{Z_B} \\[2mm] \dot{I}'_C = \dfrac{\dot{U}'_C}{Z_C} = \dfrac{\dot{U}_C}{Z_C} \end{cases}$$

如果负载对称，即 $Z_A = Z_B = Z_C = Z$ ，则在三相对称电路中有：

$$\dot{I}_A + \dot{I}_B + \dot{I}_C = \dot{I}_N = 0$$

在三相四线制电路中，负载的相电压与线电压的关系仍为：

$$\begin{cases} \dot{U}_{AB} = \dot{U}_A - \dot{U}_B = \sqrt{3}\dot{U}_A \angle 30° \\ \dot{U}_{BC} = \dot{U}_B - \dot{U}_C = \sqrt{3}\dot{U}_B \angle 30° \\ \dot{U}_{CA} = \dot{U}_C - \dot{U}_A = \sqrt{3}\dot{U}_C \angle 30° \end{cases}$$

由此可见，相电压对称时，线电压也一定对称。线电压的有效值是相电压有效值的 $\sqrt{3}$ 倍，相位依次超前对应相电压相位 30°，计算时只要算出 $\dot{U}_{AB}$ 就可依次写出 $\dot{U}_{BC}$、$\dot{U}_{CA}$。

二、三相负载的三角形连接

三相负载的三角形连接方式如图 3-6（a）所示，Z_{AB}、Z_{BC}、Z_{CA} 分别为三相负载。

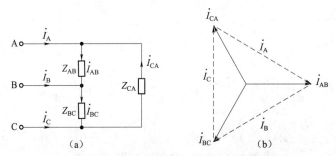

图 3-6 负载三角形连接及相、线电压相量图
（a）负载三角形连接；（b）相、线电流相量图

显然负载三角形连接时，负载相电压与线电压相同，即：

$$\begin{cases} \dot{U}'_{AB} = \dot{U}_{AB} \\ \dot{U}'_{BC} = \dot{U}_{BC} \\ \dot{U}'_{CA} = \dot{U}_{CA} \end{cases}$$

设每相负载中的电流分别为 $\dot{I}_{AB}$、$\dot{I}_{BC}$、$\dot{I}_{CA}$，线电流为 $\dot{I}_A$、$\dot{I}_B$、$\dot{I}_C$。则负载相电流为：

$$\begin{cases} \dot{I}_{AB} = \dfrac{\dot{U}_{AB}}{Z_{AB}} \\[2mm] \dot{I}_{BC} = \dfrac{\dot{U}_{BC}}{Z_{BC}} \\[2mm] \dot{I}_{CA} = \dfrac{\dot{U}_{CA}}{Z_{CA}} \end{cases}$$

如果三相负载为对称负载，即 $Z_{AB} = Z_{BC} = Z_{CA} = Z$ ，则有：

$$\begin{cases} \dot{I}_{AB} = \dfrac{\dot{U}_{AB}}{Z} \\[2mm] \dot{I}_{BC} = \dfrac{\dot{U}_{BC}}{Z} \\[2mm] \dot{I}_{CA} = \dfrac{\dot{U}_{CA}}{Z} \end{cases}$$

三角形连接时相电流和线电流的相量图如图 3-6（b）所示，由相量图可知相电流与线电流的关系为：

$$\begin{cases} \dot{I}_A = \dot{I}_{AB} - \dot{I}_{CA} = \sqrt{3}\dot{I}_{AB} \angle -30° \\ \dot{I}_B = \dot{I}_{BC} - \dot{I}_{AB} = \sqrt{3}\dot{I}_{BC} \angle -30° \\ \dot{I}_C = \dot{I}_{CA} - \dot{I}_{BC} = \sqrt{3}\dot{I}_{CA} \angle -30° \end{cases}$$

由于相电流是对称的，所以线电流也是对称的，即 $\dot{I}_A + \dot{I}_B + \dot{I}_C = 0$ 。只要求出一个线电流，其他两个可以依次写出。线电流有效值是相电流有效值的 $\sqrt{3}$ 倍，相位依次滞后对应相电流相位 $30°$ 。

例 3.1 如图 3-7 所示三相对称电路，电源线电压为 380 V，星形连接负载阻抗 $Z_Y = 22 \angle -30° \ \Omega$ ，三角形连接的负载阻抗 $Z_\triangle = 38 \angle 60° \ \Omega$ 。求：（1）星形连接的各相电压 $\dot{U}_A$ 、$\dot{U}_B$ 、$\dot{U}_C$ ；（2）三角形连接的负载相电流 $\dot{I}_{AB}$ 、$\dot{I}_{BC}$ 、$\dot{I}_{CA}$ ；（3）传输线电流 $\dot{I}_A$ 、$\dot{I}_B$ 、$\dot{I}_C$ 。

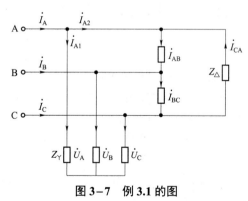

图 3-7 例 3.1 的图

解：根据题意，设 $\dot{U}_{AB} = 380 \angle 0°$ V。

（1）由线电压和相电压的关系，可得出星形连接的负载各相电压为：

$$\dot{U}_A = \frac{380 \angle (0° - 30°)}{\sqrt{3}} = 220 \angle -30° \quad (\text{V})$$

$$\dot{U}_B = 220 \angle -150° \quad (\text{V})$$

$$\dot{U}_C = 220 \angle 90° \quad (\text{V})$$

（2）三角形连接的负载相电流为：

$$\dot{I}_{AB} = \frac{\dot{U}_{AB}}{Z_\triangle} = \frac{380 \angle 0°}{38 \angle 60°} = 10 \angle -60° \quad (\text{A})$$

因为对称，所以：

$$\dot{I}_{BC} = 10 \angle -180° \quad (\text{A})$$

$$\dot{I}_{CA} = 10 \angle 60° \quad (\text{A})$$

（3）传输线 A 线上的电流为星形负载的线电流 $\dot{I}_{A1}$ 与三角形负载线电流 $\dot{I}_{A2}$ 之和。其中：

$$\dot{I}_{A1} = \frac{\dot{U}_A}{Z_Y} = \frac{220 \angle -30°}{22 \angle -30°} = 10 \angle 0° \quad (\text{A})$$

$\dot{I}_{A2}$ 是相电流 $\dot{I}_{AB}$ 的 $\sqrt{3}$ 倍，相位滞后 $\dot{I}_{AB}$ 相位30°，即：

$$\dot{I}_{A2} = \sqrt{3}\dot{I}_{AB} \angle -30° = \sqrt{3} \times 10 \angle (-60° - 30°) = 10\sqrt{3} \angle -90° \quad (\text{A})$$

$$\dot{I}_A = \dot{I}_{A1} + \dot{I}_{A2} = 10 \angle 0° + 10\sqrt{3} \angle -90° = 10 - j10\sqrt{3} = 20 \angle -60° \quad (\text{A})$$

因为对称，所以：

$$\dot{I}_B = 20 \angle -180° \quad (\text{A})$$

$$\dot{I}_C = 20 \angle 60° \quad (\text{A})$$

3.3.3 三相电路的功率

一、有功功率的计算

无论三相负载是否对称，也无论负载是星形连接还是三角形连接，一个三相电源发出的总有功功率等于电源每相发出的有功功率之和，一个三相负载接受的总有功功率等于每相负载接受的有功功率之和，即

$$P = P_A + P_B + P_C$$
$$= U_A I_A \cos\varphi_A + U_B I_B \cos\varphi_B + U_C I_C \cos\varphi_C$$

式中，电压 U_A、U_B、U_C 分别为三相负载的相电压；I_A、I_B、I_C 分别为三相负载的相电流；φ_A、φ_B、φ_C 分别为三相负载的阻抗角或该负载所对应的相电压与相电流的夹角。

当负载对称时，各相的有功功率是相等的，所以总的有功功率可表示为：

$$P = 3U_P I_P \cos\varphi$$

实际上，三相电路的相电压和相电流有时难以获得，但在三相对称电路中，负载星形连接时，$U_L = \sqrt{3}U_P$、$I_L = I_P$；负载三角形连接时，$U_L = U_P$、$I_L = \sqrt{3}I_P$。所以，无论负载是哪种接法，都有：

$$3U_P I_P = \sqrt{3}U_L I_L$$

所以上式又可表示为：

$$P = \sqrt{3}U_L I_L \cos\varphi$$

式中，U_L、I_L 分别是线电压和线电流，$\cos\varphi$ 仍是每相负载的功率因数。因为线电压和线电流便于实际测量，而且三相负载铭牌上标识的额定值也均是指线电压和线电流，所以上式是计算有功功率的常用公式。但需注意的是：该公式只适用于对称三相电路。

二、无功功率的计算

三相负载的无功功率等于各相无功功率之和，即：

$$Q = Q_A + Q_B + Q_C = U_A I_A \sin\varphi_A + U_B I_B \sin\varphi_B + U_C I_C \sin\varphi_C$$

当负载对称时，各相的无功功率是相等的，所以总的有功功率可表示为：

$$Q = 3U_P I_P \sin\varphi = \sqrt{3}U_L I_L \sin\varphi$$

三、视在功率的计算

三相负载的视在功率为：

$$S = \sqrt{P^2 + Q^2}$$

对称三相电路的视在功率为：

$$S = 3U_P I_P = \sqrt{3}U_L I_L$$

四、瞬时功率的计算

三相电路的瞬时功率也为三相负载瞬时功率之和,对称三相电路各相的瞬时功率分别为：

$$p_A = u_A i_A = \sqrt{2}U_P \sin\omega t \times \sqrt{2}I_P \sin(\omega t - \varphi) = U_P I_P [\cos\varphi - \cos(2\omega t - \varphi)]$$

$$p_B = u_B i_B = \sqrt{2}U_P \sin(\omega t - 120°) \times \sqrt{2}I_P \sin(\omega t - 120° - \varphi)$$
$$= U_P I_P [\cos\varphi - \cos(2\omega t - 240° - \varphi)]$$

$$p_C = u_C i_C = \sqrt{2}U_P \sin(\omega t + 120°)\sqrt{2}I_P \sin(\omega t + 120° - \varphi)$$
$$= U_P I_P [\cos\varphi - \cos(2\omega t + 240° - \varphi)]$$

由于 $\cos(2\omega t - \varphi) + \cos(2\omega t - 240° - \varphi) + \cos(2\omega t + 240° - \varphi) = 0$，所以：

$$p = p_A + p_B + p_C = 3U_P I_P \cos\varphi = \sqrt{3}U_L I_L \cos\varphi = P$$

上式表明，对称三相电路的瞬时功率是定值，且等于平均有功功率，这是对称三相电路的一个优越性能。如果三相负载是电动机，由于三相瞬时功率是定值，因而电动机的转矩是恒定的，因为电动机转矩的瞬时值是与总瞬时功率成正比的。从而避免了由于机械转矩变化引起的机械振动，因此电动机运转非常平稳。

例 3.2 如图 3-8 所示的电路中，已知一组星形连接的对称负载，接在线电压为 380 V 的对称三相电源上，每相负载的复阻抗 $Z = 12 + j16\ \Omega$。（1）求各负载的相电压及相电流；（2）计算该三相电路的 P、Q 和 S。

解：（1）令线电压 $\dot{U}_{AB} = 380 \angle 0°$ V，在对称三相三线制电路中，负载电压与电源电压对应相等，且三个相电压也对称，即：

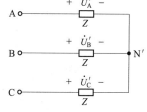

图 3-8 例 3.2 的图

$$\dot{U}_A' = \frac{380 \angle (0° - 30°)}{\sqrt{3}} = 220 \angle -30°\ \text{（V）}$$

$$\dot{U}_{B}' = 220\angle{-150°}\quad（V）$$

$$\dot{U}_{C}' = 220\angle{90°}\quad（V）$$

负载相电流也对称，即：

$$\dot{I}_{A} = \frac{\dot{U}_{A}'}{Z} = \frac{220\angle{-30°}}{12+j16} = 11\angle{-83°}\quad（A）$$

$$\dot{I}_{B} = \frac{\dot{U}_{B}'}{Z} = 11\angle{-203°} = 11\angle{157°}\quad（A）$$

$$\dot{I}_{C} = \frac{\dot{U}_{C}'}{Z} = 11\angle{37°}\quad（A）$$

（2）根据有功功率、无功功率和视在功率的计算公式，可得：

$$P = 3U_{A}'I_{A}\times\cos\varphi = 3\times220\times11\cos53° = 4\,370\quad（W）$$

$$Q = 3U_{A}'I_{A}\times\sin\varphi = 3\times220\times11\sin53° = 5\,800\quad（var）$$

$$S = \sqrt{P^2+Q^2} = 7\,262\quad（V\cdot A）$$

例3.3 对称三相电路如图3-9（a）所示。已知 $\dot{U}_{A}=100\angle{0°}$ V， $\dot{U}_{B}=100\angle{-120°}$ V， $\dot{U}_{C}=100\angle{120°}$ V， $Z=10\angle{45°}\Omega$。求（1）线电流 $\dot{I}_{A}$、 $\dot{I}_{B}$、 $\dot{I}_{C}$，三相功率以及电流表A、电压表V的读数；（2）要求与（1）相同，但负载改为△形连接，如图3-9（b）所示。

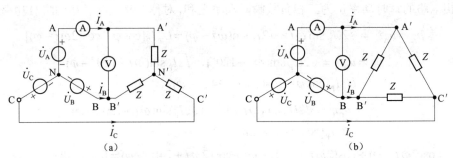

图3-9 例3.3的图

解：（1）根据Y-Y对称连接三相电路的特点 $\dot{U}_{N'N}=0$，则：

$$\dot{I}_{A} = \frac{\dot{U}_{A}}{Z} = \frac{100\angle{0°}}{10\angle{45°}} = 10\angle{-45°}\quad（A）$$

其他两相电流为：

$$\dot{I}_{B} = \dot{I}_{A}\angle{(-45°-120°)} = 10\angle{-165°}\quad（A）$$

$$\dot{I}_{C} = \dot{I}_{A}\angle{(-45°+120°)} = 10\angle{75°}\quad（A）$$

三相功率为：

$$P = 3U_{P}I_{P}\cos\varphi = 3\times100\times10\cos45° = 2\,121.3\quad（W）$$

线电压为：

$$\dot{U}_{AB} = \sqrt{3}\dot{U}_{A}\angle{30°} = 173.2\angle{30°}$$

由以上分析可知：电流表A的读数为10 A，电压表V的读数即为线电压的有效值，即

$U_V = 173.2$ V。

（2）负载成△形连接，如图 3-8（b）所示。则：

$$\dot{I}_{A'B'} = \frac{\dot{U}_{A'B'}}{Z} = \frac{173.2 \angle 30°}{10 \angle 45°} = 17.32 \angle -15° \quad (A)$$

$$\dot{I}_{B'C'} = \dot{I}_{A'B'} \angle -120° = 17.32 \angle -135° \quad (A)$$

$$\dot{I}_{C'A'} = \dot{I}_{A'B'} \angle 120° = 17.32 \angle 105° \quad (A)$$

根据三角形连接时线电流与相电流的关系：

$$\dot{I}_A = \sqrt{3}\dot{I}_{A'B'} \angle -30° = 30 \angle -45° \quad (A)$$

同理：

$$\dot{I}_B = 30 \angle -165° \quad (A)，\quad \dot{I}_C = 30 \angle 75° \quad (A)$$

三相功率为：

$$P = \sqrt{3}U_L I_L \cos\varphi = \sqrt{3} \times 100\sqrt{3} \times 30 \times \cos 45° = 6\,364.0 \quad (W)$$

由以上分析可知：电流表 A 的读数为 30 A，电压表 V 的读数仍为 173.2 V。

由本题可以看出，把负载由 Y 形改为三角形连接，其线电流增至 3 倍，功率增至 3 倍，相电压增至 $\sqrt{3}$ 倍。

例 3.4 如图 3-10 所示为一对称三相电路，已知对称三相负载吸收的功率为 3 kW，功率因数 $\lambda = \cos\varphi = 0.866$（感性），线电压为 380 V，求图中两个功率表的读数。

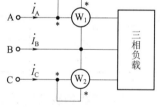

图 3-10 例 3.4 的图

解： 要求功率表的读数，只要求出与它们相关联的电压、电流相量即可。

由于 $P = \sqrt{3}U_L I_L \cos\varphi$，则：

$$I_L = \frac{P}{\sqrt{3}U_L \cos\varphi} = \frac{3\,000}{\sqrt{3} \times 380 \times 0.866} = 5.263 \quad (A)$$

令 A 相电压 $\dot{U}_A = 220 \angle 0°$ V，而 $\varphi = \arccos 0.866 = 30°$，则：

$$\dot{I}_A = 5.263 \angle -30° \quad (A)，\quad \dot{I}_C = \dot{I}_A \angle 120° = 5.263 \angle 90° \quad (A)$$

$$\dot{U}_{AB} = 380 \angle 30° V，\quad \dot{U}_{CB} = -\dot{U}_{BC} = -\dot{U}_{AB} \angle -120° = 380 \angle 90° \quad (V)$$

故两功率表的读数分别为：

$$P_1 = \text{Re}[\dot{U}_{AB}\dot{I}_A^*] = U_{AB}I_A \cos\varphi_1 = 380 \times 5.263\cos 60° = 999.97 \quad (W)$$

$$P_2 = \text{Re}[\dot{U}_{CB}\dot{I}_B^*] = U_{CB}I_C \cos\varphi_2 = 380 \times 5.263\cos 0° = 1\,999.94 \quad (W)$$

则：

$$P_1 + P_2 = 3\,000 \quad (W)$$

3.4 实践知识——三相电路电压、电流的测量

一、三相负载星形连接测量

（1）对称负载（每相三盏灯）的情况。

（2）不对称负载（A、B、C相分别一盏灯、二盏灯、三盏灯）的情况。

（3）电路图，如图3-11所示。

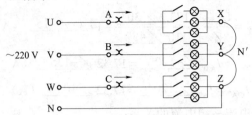

图3-11 三相星形负载电路

注：测中线电流时，将电流表串入中线。

（4）记录星形负载电路数据，并填入表3-1。

表3-1 三相负载星形连接测量数据

项目		线电路/V			负载相电压/V			线电流/A			I_N/A	$U_{N'N}$/V
		U_{AB}	U_{BC}	U_{CA}	U_{AN}	U_{BN}	U_{CN}	U_A	U_B	U_C		
对称负载	有中线											
	无中线											
不对称负载	有中线											
	无中线											

二、三相负载三角形连接测量

（1）三相负载三角形连接相电流的测量电路，如图3-12所示。

（2）三相负载三角形连接线电流的测量电路，如图3-13所示。

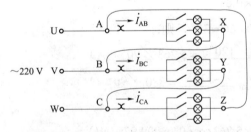

图3-12 三相负载三角形连接相电流测量

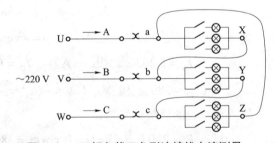

图3-13 三相负载三角形连接线电流测量

将以上测量数据记入表3-2中。

表3-2 三相负载电路测量

项目	线电压/V			线电流/A			相电流/A		
	U_{AB}	U_{BC}	U_{CA}	I_A	I_B	I_C	I_{AB}	I_{BC}	I_{CA}
对称负载									
不对称负载									

三、测量注意事项

（1）本测量采用线电压均调为 220 V。

（2）测量时注意人身安全，不可接触导电部件，防止意外事故发生。必须严格遵守先接线后通电、先断电后拔线的实验操作规则。

（3）每次接线完毕，同组同学应自查一遍，然后由指导教师检查后，方可接通电源。

3.5 项目实施

一、分组

将学生进行分组，通常 3～5 人一组，选出小组负责人，下达任务。

二、讲解项目原理及具体要求

具体要求：

（1）正反转控制电路接线图识别。

（2）正反转控制电路安装。

（3）电路调试。

三、学生具体实施

学生根据项目内容，分组讨论，查阅资料，给出总体设计方案，到实验实训室进行相关测量实验，在以上过程中，教师要起主导作用，实时指导，并控制项目实施节奏，保证在规定课时内完成该项目。

四、学生展示

学生可以以电子版 PPT、图片或成品的形式对本组的项目实施方案进行阐述，对项目实施成果进行展示。

五、评价

项目评价以自评和互评的形式展开，填写项目自评互评表，教师整体对该项目进行总结，对好的进行表扬，差的指出不足。

在项目具体实施过程中，所需项目方案实施计划单、材料工具清单、项目检查单和项目评价单见书后附录 A、B、C、D。

3.6 习题及拓展训练

一、简答题

1. 简述如何实现电动机正反转控制？须具备什么安全措施？

2. 分析双重联锁正反转控制线路的工作原理。

3. 怎样正确使用控制按钮？

4. 三相异步电动机接触器联锁的正反转控制线路的优点是什么？

二、项目拓展训练

请对项目中的三相异步电动机正反转电路进行改进，改进要求为：实现三相异步电动机正反转电路的双重互锁。

预备知识：双重互锁三相异步电动机正反转电路原理图（见图3-14）。

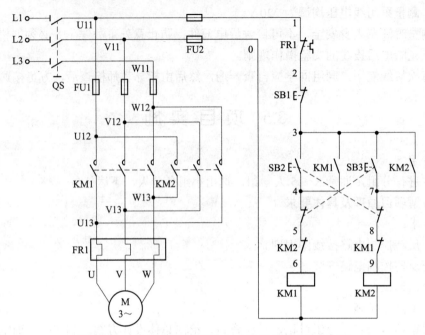

图3-14 双重互锁三相异步电动机正反转电路原理图

项目四　变压器在变电所的应用

4.1　项目目标

　能力目标

能通过简单方法测量变压器的同名端；能看懂变电室相关电路图。

　知识目标

掌握变压器和互感器的工作原理；掌握变电所的构成及各部分的作用。

　情感目标

能做到工作严谨，按照安全操作过程进行相关实验、实训。

4.2　工 作 情 境

在整个电能传输过程中，变电所所起的作用包括：变换电压等级、汇集电流、分配电能、控制电能的流向、调整电压。而完成以上功能并保证工作人员安全工作的主要设备就是变压器和互感器，因此本章将对变压器和互感器进行详细讲解。

4.3　理 论 知 识

4.3.1　变电所

一、电能传输过程

发电厂机组发电之后通过变电站进行升压，通过电网传输，再经过变电站降压，一般途径是：$10\,kV$—$220\,kV$—$110\,kV$—$35\,kV$—$10\,kV$（$6\,kV$），这个过程是经过不同等级的变电站，$10\,kV$ 和 $6\,kV$ 是变电站到配电室的电压，经配电变压，以 $380\,V$ 和 $220\,V$ 的电压传输入用户。电能传输过程如图 4−1 所示。

二、变电所

1. 变电所的概念

由图 4−1 可知，在电能传输过程中，变电所是非常重要的一环，所起的作用至关重要。变电所就是电力系统中对电能的电压和电流进行变换、集中和分配的场所。为保证电能的质量以及设备的安全，在变电所中还需进行电压调整、潮流（电力系统中各节点和支路中的电压、电流和功率的流向及分布）控制以及输配电线路和主要电工设备的保护。按用途可分为

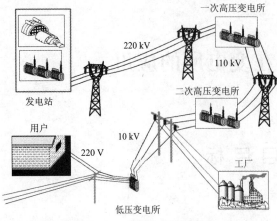

图 4-1 电能的传输过程

电力变电所和牵引变电所（电气铁路和电车用）。按电压等级可分为中压变电所（60 kV及以下）、高压变电所（110～220 kV）、超高压变电所（330～765 kV）和特高压变电所（1 000 kV 及以上）。按其在电力系统中的地位可分为枢纽变电所、中间变电所和终端变电所。

2. 变电所的作用

变电所在整个电能的传输过程中所起的作用为：降压和电能的分配。降压靠变压器来实现，电能分配靠母线来实现。

3. 变电所的组成

变电所主要构成部分为：电气设备、土建基础和构架、电源系统、通信系统、遥视安防系统、防雷接地系统；电气设备又分为一次设备和二次设备，一次设备为产生、传输、汇集、分配、使用电能的设备。二次设备为对一次设备进行保护、控制、测量、计量、通信等的设备。一次设备主要包括变压器、断路器、隔离开关、电流互感器、电压互感器、电容器、耦合电容器、高频阻波器、母线、电力电缆等；二次设备主要包括继电保护及自动装置、电测仪表、直流设备、控制及压力监视回路、电流电压切换回路、控制电缆等。

互感器把高电压设备和母线的运行电压、大电流（设备和母线的负荷或短路电流）按规定比例变成测量仪表、继电保护及控制设备的低电压和小电流。

本章重点为互感器在变电站中的主要应用，首先我们要掌握互感器的工作原理等知识点，而互感器的工作原理和变压器类似，因此在介绍互感器之前要介绍变压器的相关知识。

4.3.2 变压器

变压器是利用电磁感应原理传输电能或电信号的器件，它具有变换电压、变换电流和变换阻抗的作用。变压器的种类很多，应用十分广泛。比如在电力系统中用电力变压器把发电机发出的电压升高后进行远距离输电，到达目的地后再用变压器把电压降低以便用户使用，以此减少传输过程中电能的损耗；在电子设备和仪器中常用小功率电源变压器改变市电电压，再通过整流和滤波，得到电路所需要的直流电压；在放大电路中用耦合变压器传递信号或进行阻抗的匹配等。变压器虽然大小悬殊，用途各异，但其基本结构和工作原理却是相同的。

一、变压器的结构

变压器主要由铁芯、绕组、油箱、附件等组成，主体构造为铁芯和绕组。

1. 铁芯

铁芯是变压器的磁路部分，由铁芯柱（柱上套装绕组）、铁轭（连接铁芯以形成闭合磁路）组成，为了减小涡流和磁滞损耗，提高磁路的导磁性，铁芯采用 0.35～0.5 mm 厚的硅钢片涂绝缘漆后交错叠加。小型变压器铁芯截面为矩形或方形，大型变压器铁芯截面为阶梯形，这是为了充分利用空间。铁芯的基本构造形式有芯式和壳式两种，如图 4-2 所示。

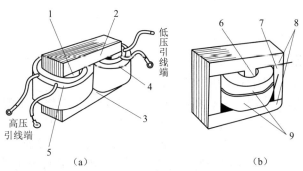

图 4-2　铁芯结构示意图

1—铁芯柱；2—上铁轭；3—下铁轭；4—低压绕组；5—高压绕组；
6—铁芯柱；7—分支铁芯柱；8—铁轭；9—绕组

2. 绕组

绕组是变压器的电路部分，采用铜线或铝线绕制而成，原、副绕组同心套在铁芯柱上。为便于绝缘，一般低压绕组在里，高压绕组在外，但大容量的低压大电流变压器，考虑到引出线工艺困难，往往把低压绕组套在高压绕组的外面。

3. 变压器的附件

变压器除了铁芯和绕组外还有一些其他部件，统称为附件，如图 4-3 所示。

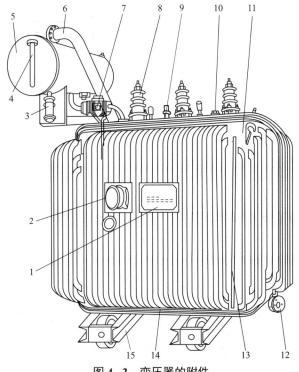

图 4-3　变压器的附件

1—铭牌；2—信号式温度计；3—吸湿器；4—油标；5—储油柜；6—安全气道；7—气体继电器；
8—高压套管；9—低压套管；10—分接开关；11—油箱；12—放油阀门；
13—器身；14—接地板；15—小车

油箱是装变压器器身和变压器油的，为了便于散热，有的箱壁上焊有散热管。变压器油起绝缘和冷却的作用。

4. 变压器符号

变压器在电路中的简化符号如图4-4所示。

二、变压器的工作原理

下面以单相变压器为例介绍变压器的工作原理。

图4-5为变压器的工作原理示意图，为了便于分析，我们将高压侧和低压侧分别画在两边，其中与电源相连的一侧称为一次绕组（或称为初级绕组、原绕组），与负载相连的称为二次绕组（或称为次级绕组、副绕组）。一次绕组的匝数为N_1，二次绕组的匝数为N_2，当一次绕组接入交流电压u_1时，一次绕组中有电流i_1流过。一次绕组的磁通势N_1i_1产生的磁通大部分通过铁芯而闭合，从而在二次绕组中产生感应电动势。如果二次绕组接有负载，那么二次绕组中就有电流i_2流过。二次绕组的磁通势N_2i_2也产生磁通，其绝大部分也通过铁芯而闭合。因此，铁芯中的磁通是一个由一次、二次绕组的磁通势共同产生的合成磁通，它称为主磁通，用Φ表示。主磁通穿过一次绕组和二次绕组而在其中感应出的电动势分别为e_1和e_2。此外，一次和二次绕组的磁通势还分别产生漏磁电动势$e_{\sigma 1}$和$e_{\sigma 2}$。

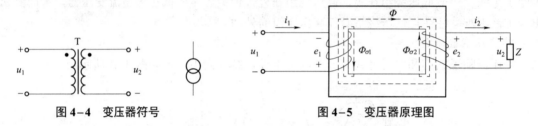

图4-4 变压器符号　　　　　图4-5 变压器原理图

对于变压器工作原理，可以用如下所示流程图来表示：

$$u_1 \longrightarrow i_1 \xrightarrow{\text{电生磁}} \Phi \xrightarrow{\text{磁生电}} \begin{cases} e_1 = -N_1\dfrac{\mathrm{d}\Phi}{\mathrm{d}t} \\[2mm] e_2 = -N_2\dfrac{\mathrm{d}\Phi}{\mathrm{d}t} \end{cases}$$

三、变压器的功能

变压器的主要功能是变换电压，除此之外还可以变换电流、变换阻抗，下面逐一进行介绍。

1. 变换电压

如图4-5所示，断开负载Z空载运行，此时根据基尔霍夫电压定律，可列出：

$$u_1 = e_1$$

根据法拉第电磁感应定律，可得

$$e_1 = -N_1\frac{\mathrm{d}\Phi}{\mathrm{d}t}$$

当电压u_1为正弦量时，磁通Φ也应该是正弦量，因此可以假定$\Phi = \Phi_{\mathrm{m}}\sin\omega t$，则有

$$u_1 = e_1 = -N_1\frac{\mathrm{d}\Phi}{\mathrm{d}t} = -N_1\Phi_{\mathrm{m}}\omega\cos\omega t = N_1\Phi_{\mathrm{m}}\omega\sin\left(\omega t - \frac{\pi}{2}\right) \tag{4-1}$$

由式4-1可知

$$U_{1\mathrm{m}} \approx E_{1\mathrm{m}} = N_1\Phi_{\mathrm{m}}\omega = N_1\Phi_{\mathrm{m}}2\pi f$$

两边同时除以$\sqrt{2}$得

$$U_1 \approx E_1 = 4.44 f N_1\Phi_{\mathrm{m}}$$

同理可得

$$U_2 \approx E_2 = 4.44 f N_2 \Phi_{\mathrm{m}}$$

忽略一次和二次绕组的漏磁与阻抗不计，可知

$$\frac{E_1}{E_2} = \frac{N_1}{N_2}, \quad \frac{U_1}{U_2} = \frac{N_1}{N_2} = K$$

式中，K 称为电压比，又称为变比。由上式可知，变压器一次、二次绕组的电压之比等于这两个绕组的匝数之比。若 $K > 1$，即 $U_1 > U_2$，此时称为降压变压器；若 $K < 1$，即 $U_1 < U_2$，此时称为升压变压器。

2. 变换电流

由 $U_1 \approx E_1 = 4.44 f N_1 \Phi_{\mathrm{m}}$ 可见，当电源电压 U_1 和频率 f 不变时，E_1 和 Φ_{m} 也都近于常数。也即是铁芯中主磁通的最大值在变压器空载或有负载时是差不多恒定的。因此，有负载时产生的一、二次绕组的合成磁通势（$N_1 i_1 + N_2 i_2$）应该和空载时产生主磁通的原绕组的磁通势 $N_1 i_0$ 差不多相等，即

$$N_1 i_1 + N_2 i_2 \approx N_1 i_0$$

如用相量表示，则为

$$N_1 \dot{I}_1 + N_2 \dot{I}_2 \approx N_1 \dot{I}_0 \qquad (4-2)$$

式中，i_0 为变压器空载电流，由于铁芯的磁导率高，空载电流是很小的。它的有效值 I_0 在一次绕组额定电流 $I_{1\mathrm{N}}$ 的10%以内。因此 $N_1 I_0$ 与 $N_1 I_1$ 相比常可忽略。于是式4-2可以写为

$$N_1 \dot{I}_1 \approx -N_2 \dot{I}_2 \qquad (4-3)$$

由式（4-3）可知，一、二次绕组的电流关系为

$$\frac{I_1}{I_2} \approx \frac{N_2}{N_1} = \frac{1}{K} \qquad (4-4)$$

式（4-4）表明变压器一、二次绕组的电流之比约等于它们的匝数比的倒数。可见，变压器中的电流虽然由负载的大小确定，但是一、二次绕组中电流的比值是差不多不变的；因为当负载增加时，I_2 和 $N_2 I_2$ 随着增大，而 I_1 和 $N_1 I_1$ 也必须相应增大，以抵偿二次绕组的电流和磁通势对主磁通的影响，从而维持主磁通的最大值近于不变。

3. 变换阻抗

变压器不仅能变换电压和电流，还有阻抗变换作用，如图4-6所示。

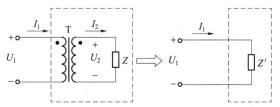

图4-6 变压器阻抗变换

阻抗等效变换时输入电路的电压、电流和功率不变，则

$$Z' = \frac{\dot{U}_1}{\dot{I}_1} = \frac{\dfrac{N_1}{N_2}\dot{U}_2}{\dfrac{N_2}{N_1}\dot{I}_2} = \left(\frac{N_1}{N_2}\right)^2 \frac{\dot{U}_2}{\dot{I}_2} = K^2 Z$$

匝数比不同，负载折算到一次绕组的等效阻抗也不同，我们可以采用不同的匝数比，把负

载阻抗模变换为所需要的、比较合适的数值。这种做法通常称为阻抗匹配。以收音机为例，可以把它看成一个信号源加一个负载。要使负载获得最大功率，其条件是负载的电阻等于信号源内阻，但是实际电路中，负载电阻并不等于信号源内阻，这就需要用变压器来进行阻抗变换。

四、变压器的铭牌数据

变压器在规定的使用环境和运行条件下的主要技术数据的限定值称为额定值。额定值通常标在变压器的铭牌上，故也称为铭牌数据。铭牌数据是选择和使用变压器的依据。这里介绍主要的几个铭牌数据，其他的可以依据变压器的型号查相关手册。

1. 型号

按照国家标准的有关规定，型号由有关字母和数字组成。字母表示的意义为：S 表示三相，D 表示单相等；数字代表主要的技术数据。

2. 额定电压

额定电压分为一次额定电压和二次额定电压。U_{1N} 为一次绕组上的电压，它由变压器的绝缘程度和允许的发热条件决定的，使用时，电源电压必须与一次额定电压相等。U_{2N} 为二次绕组开路即空载运行时二次绕组的端电压，对于三相变压器，额定电压是指线电压。

3. 额定电流

额定电流是在额定条件下，根据绝缘材料允许的温度所确定的最大允许工作电流，分为一次、二次额定电流 I_{1N} 和 I_{2N}。额定电流时的负载称为额定负载。三相变压器的额定电流是线电流。

4. 额定容量

额定容量即额定视在功率，表示变压器输出电压功率的能力，以 S_N 表示，忽略损耗，额定容量可以表示为：

单相 $$S_N = U_{2N}I_{2N} = U_{1N}I_{1N}$$

三相 $$S_N = \sqrt{3}U_{2N}I_{2N} = \sqrt{3}U_{1N}I_{1N}$$

5. 额定频率

额定运行时变压器一次绕组外加交流电压的频率，以 f_N 表示。我国规定标准工业用电频率为 50 Hz，有些国家采用 60 Hz。

6. 额定温升

变压器在额定运行情况下，内部温度允许超过规定的环境温度的数值。

图 4-7 为一变压器的铭牌。

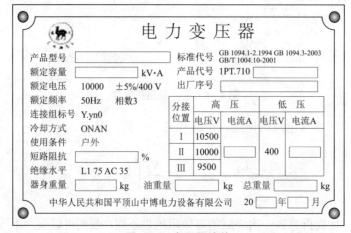

图 4-7 变压器铭牌

例 4.1 有一台三相变压器，容量为 180 kV·A，一次绕组电压为 15 kV，二次绕组电压为 500 V，问该变压器的电压比是多少？求一次、二次侧的额定电流。

解： 三相变压器的一、二次侧绕组相电压之比，等于一、二次侧绕组每相的匝数之比，即电压比为 $K = \dfrac{U_{1N}}{U_{2N}} = \dfrac{N_1}{N_2} = \dfrac{15\,000}{500} = 30$。

三相变压器的额定容量 $S_N = \sqrt{3}U_{1N}I_{1N} = \sqrt{3}U_{2N}I_{2N}$

则变压器一、二次侧绕组的额定电流分别为：

$$I_{1N} = \frac{S_N}{\sqrt{3}U_{1N}} = \frac{180\,000}{\sqrt{3} \times 15\,000} = 6.93（A）$$

$$I_{2N} = \frac{S_N}{\sqrt{3}U_{2N}} = \frac{180\,000}{\sqrt{3} \times 500} = 207.85（A）$$

五、几种常见的变压器

下面介绍几种常见的变压器。

1. 自耦变压器

自耦变压器的铁芯上只有一组绕组，一、二次绕组是共用的，它可以输出连续可调的交流电压。自耦变压器又叫调压变压器，两绕组之间仍然满足电压、电流、阻抗变换关系。原理图如图 4-8 所示。

注意： 自耦变压器在使用时，两绕组电压一定不能接错，使用前，先将输出电压调至零，接通电源后，再慢慢转动手柄调节出所需的电压。

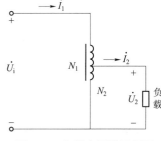

图 4-8 自耦变压器原理图

2. 小型变压器

小型变压器指的是容量在 1 000 V·A 以下的变压器，在工业生产中的应用十分广泛。

3. 脉冲变压器

脉冲变压器的作用就是在脉冲电路中，用于实现电路之间的耦合、放大和阻抗变换等作用，以完成信号的传递和功率的放大。

除了以上几种变压器外，还有多绕组变压器、三相变压器、电焊变压器等多种变压器。

4.4 实践知识——变压器同名端检测

一、同名端的概念和表示方法

两个绕组方向一致时，两个绕组的起绕点是同名端，两个绕组方向相反时，其中一个绕组的起绕点和另一个绕组的结束点是同名端。

同名端是指在同一交变磁通的作用下任一时刻两（或两个以上）绕组中都具有相同电势极性的端头彼此互为同名端。变压器的极性辨别就属于同名端问题。

变压器及三相变压器同名端的含义：用"·"来表示一、二次绕组感应电动势的相位，两相绕组均带"·"的两对应端，表示该两端感应电动势的相位相同，称为同名端。一端带"·"而另一端不带"·"的两对应端，表示该两端感生电动势相位相反，则称为非同名端，亦称异名端。如图 4-9 所示，1、2 为一次绕组，3、4 为二次绕组，它们的绕向相同，在同一交变磁通的作用下，两绕组中同时产生感应电势，在任何时刻两绕组同时具有相同电势极性的两个断头互为同名端。1、3 互为同名端，2、4 互为同名端；1、4 互为异名端。

二、变压器同名端的检测方法

变压器同名端的判断方法较多，分别叙述如下。

1. 交流电压法

一个单相变压器一、二次绕组连线如图 4-10 所示，在它的一次侧加适当的交流电压，分别用电压表测出一、二次侧的电压 U_1、U_2，以及 1、3 之间的电压 U_3。如果 $U_3 = U_1 + U_2$，则相连的线头 2、4 为异名端，1、4 为同名端，2、3 也是同名端。如果 $U_3 = U_1 - U_2$，则相连的线头 2、4 为同名端，1、4 为异名端，1、3 也是同名端。

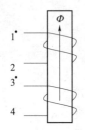

图 4-9　变压器同名端的表示方法

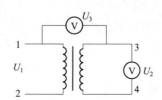

图 4-10　变压器同名端检测方法

2. 直流法（又叫干电池法）

干电池一节，万用表一块接成如图 4-11 所示。将万用表挡位打在直流电压低挡位，如 5 V 以下或者直流电流的低挡位（如 5 mA），当接通 SB 的瞬间，表针正向偏转，则万用表的正极、电池的正极所接的为同名端；如果表针反向偏转，则万用表的正极、电池的负极所接的为同名端。注意断开 SB 时，表针会摆向另一方向；SB 不可长时接通。

3. 测电笔法

为了提高感应电势，使氖管发光，可将电池接在匝数较少的绕组上，测电笔接在匝数较多的绕组上，按下按钮突然松开，在匝数较多的绕组中会产生非常高的感应电势，使氖管发光，如图 4-12 所示。注意观察那端发光，发光的那一端为感应电势的负极。此时与电池正极相连的以及与氖管发光那端相连的为同名端。

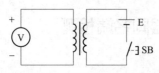

图 4-11　直流法同名端检测

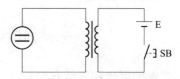

图 4-12　测电笔法同名端检测

4. 多绕组同名端检测

如图 4-13 所示电路，任找一组绕组线圈接上 1.5～3 V 电池，然后将其余各绕组线圈抽头分别接在直流毫伏表或直流毫安表的正负接线柱上。接通电源的瞬间，表的指针会很快摆动一下，如果指针向正方向偏转，则接电池正极的线头与接电表正接线柱的线头为同名端；如果指针反向偏转，则接电池正极的线头与接电表负接线柱的线头为同名端。在测试时应注意以下两点：

（1）若变压器的升压绕组（即匝数较多的绕组）接电池，电表应选用最小量程，使指针摆动幅度较大，以利于观察；若变压器的降压绕组（即匝数较少的绕组）接电池，电表应选用较大量程，以免损坏电表。

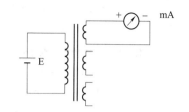

图 4-13 多绕组变压器同名端检测

（2）接通电源瞬间，指针会向某一个方向偏转，但断开电源时，由于自感作用，指针将向相反方向倒转。如果接通和断开电源的间隔时间太短，很可能只看到断开时指针的偏转方向，而把测量结果搞错。所以接通电源后要等几秒钟后再断开电源，也可以多测几次，以保证测量的准确。

4.5 项目实施

一、分组

将学生进行分组，通常 3～5 人一组，选出小组负责人，下达任务。

二、讲解项目原理及具体要求

本项目要求学生查阅资料，对电力系统的当前发展有所了解，使学生拓宽视野，了解变电所电气设备的构成、了解配电装置的布置形式及特点，并了解安全净距的意义，了解控制屏、保护屏的布置情况及主控室的总体布置情况。

具体要求：

（1）搜集整理变电站主要一、二次设备以及变电站运行方面的相关知识和资料。

（2）对变压器的功能及同名端进行检测。

三、学生具体实施

学生根据项目内容，分组讨论，查阅资料，给出总体设计方案，到实验实训室进行相关测量实验，在以上过程中，教师要起主导作用，实时指导，并控制项目实施节奏，保证在规定课时内完成该项目。

四、学生展示

学生可以以电子版 PPT、图片或成品的形式对本组的项目实施方案进行阐述、对项目实施成果进行展示。

五、评价

项目评价以自评和互评的形式展开，填写项目自评互评表，教师整体对该项目进行总结，对好的进行表扬，差的指出不足。

在项目具体实施过程中，所需项目方案实施计划单、材料工具清单、项目检查单和项目评价单见书后附录 A、B、C、D。

4.6 习题及拓展训练

一、选择题

1. 以下说法正确的是（　　　）。

A. 电流互感器和电压互感器二次均可以开路

B. 电流互感器二次可以短路但不得开路，电压互感器二次可以开路但不得短路

C. 电流互感器和电压互感器二次均不可以短路

2. 电抗变压器在空载情况下，二次电压与一次电流的相位关系是（　　　）。

A. 二次电压超前一次电流接近 90°　　　B. 二次电压与一次电流接近 0°

C. 二次电压滞后一次电流接近 90°　　　D. 二次电压超前一次电流接近 180°

3. 电流互感器是（　　　）。

A. 电流源，内阻视为无穷大　　　　　　B. 电压源，内阻视为零

C. 电流源，内阻视为零

4. 在继电保护中，通常用电抗变压器或中间变流器将电流转换成与之成正比的电压信号，两者的特点是（　　　）。

A. 电抗变压器具有隔直（即滤去直流）作用，对高次谐波有放大作用，变流器则不然

B. 变流器具有隔直作用，对高次谐波有放大作用，电抗变压器则不然

C. 变流器没有隔直作用，对高次谐波有放大作用，电抗变压器则不然

二、判断题

1. 所用电流互感器与电压互感器的二次绕组应有永久性的、可靠的保护接地。（　　　）

2. 电流互感器本身造成的测量误差是由于有励磁电流的存在。（　　　）

3. 电流互感器的二次负载越小，对误差的影响越小。（　　　）

4. 电流互感器一次和二次绕组间的极性，应按加极性原则标注。（　　　）

5. 电容式电压互感器的稳态工作特性与电磁式电压互感器基本相同，暂态特性比电磁式电压互感器差。（　　　）

6. 电流互感器二次回路采用多点接地，易造成保护拒绝动作。（　　　）

三、简答题

1. 电压互感器在运行中为什么要严防二次侧短路？

2. 造成电流互感器测量误差的原因是什么？

3. 电压互感器的二次回路为什么必须接地？

项目五　交流电动机的应用

5.1　项目目标

　知识目标

掌握三相异步电动机的工作原理，熟悉低压电器的使用方法。

　能力目标

能够使用不同低压电器对电动机进行控制，掌握由电气原理图接成实际操作电路的方法，学会分析、排除继电－接触控制线路故障的方法。

　情感目标

培养学生的动手能力和良好的职业素养。

5.2　工 作 情 境

交流电动机可以说应用非常广泛，在我们生活的各个方面都可以看到交流电动机的影子，例如抽水、磨面、轧钢、洗衣机、电风扇、电冰箱、空调、车床等，所以对于学生来说掌握电动机的工作原理和控制方法，无论是就业还是在实际工作中都具有非常重要的意义。本章将以三相异步电动机为例详细讲解电动机的工作原理和控制方法。

5.3　理 论 知 识

5.3.1　电动机的分类

电动机按照不同的方法可以分为不同的类别，具体如下：

（1）按照工作电源分为：直流电动机和交流电动机。

（2）按照结构和工作原理分为：直流电动机、异步电动机和同步电动机。

（3）按照启动和运行方式分为：电容启动式异步电动机、电容运转式单相异步电动机、电容启动运转式单相异步电动机、分相式单相异步电动机。

（4）按照转子的结构分为：鼠笼型异步电动机、绕线型异步电动机。

（5）按用途分为：驱动用电动机、控制用电动机。

（6）按运转速度分为：低速电动机、高速电动机、恒速电动机和调速电动机。

其中交流电动机包括同步电动机、异步电动机，而异步电动机又包括鼠笼型异步电动机和绕线型异步电动机。本章以三相异步电动机为例来介绍交流电动机的应用和测试方法。

5.3.2　三相异步电动机的结构

三相异步电动机的结构，由定子、转子和其他附件组成。结构图如图 5-1 所示。

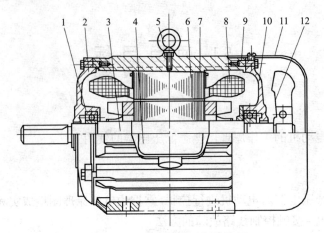

图 5-1　三相异步电动机结构图

1—轴承；2—前端盖；3—转轴；4—接线盒；5—吊环；6—定子铁芯；7—转子；8—定子绕组；
9—机座；10—后端盖；11—风罩；12—风扇

一、定子（静止部分）

1. 定子铁芯

作用：是电机磁路的一部分，并在其上放置定子绕组。

构造：定子铁芯一般由 0.35～0.5 mm 厚表面具有绝缘层的硅钢片冲制、叠压而成，在铁芯的内圆冲有均匀分布的槽，用以嵌放定子绕组。定子铁芯槽型有以下几种：半闭口型槽、半开口型槽、开口型槽。

2. 定子绕组

作用：是电动机的电路部分，通入三相交流电，产生旋转磁场。

构造：由三个在空间互隔 120° 电角度、对称排列结构完全相同的绕组连接而成，这些绕组的各个线圈按一定规律分别嵌放在定子各槽内。定子绕组的主要绝缘项目有以下三种：（保证绕组的各导电部分与铁芯间的可靠绝缘以及绕组本身间的可靠绝缘）。

（1）对地绝缘：定子绕组整体与定子铁芯间的绝缘。

（2）相间绝缘：各相定子绕组间的绝缘。

（3）匝间绝缘：每相定子绕组各线匝间的绝缘。

二、转子（旋转部分）

1. 三相异步电动机的转子铁芯

作用：作为电机磁路的一部分以及在铁芯槽内放置转子绕组。

构造：所用材料与定子一样，由 0.5 mm 厚的硅钢片冲制、叠压而成，硅钢片外圆冲有均匀分布的孔，用来安置转子绕组。通常用定子铁芯冲落后的硅钢片内圆来冲制转子铁芯。一般小型异步电动机的转子铁芯直接压装在转轴上，大、中型异步电动机（转子直径在 300～

400 mm 以上）的转子铁芯则借助与转子支架压在转轴上。

2. 三相异步电动机的转子绕组

作用：切割定子旋转磁场产生感应电动势及电流，并形成电磁转矩而使电动机旋转。

构造：分为鼠笼式转子和绕线式转子。

（1）鼠笼式转子：转子绕组由插入转子槽中的多根导条和两个环形的端环组成。若去掉转子铁芯，整个绕组的外形像一个鼠笼，故称笼型绕组。小型笼型电动机采用铸铝转子绕组，对于 100 kW 以上的电动机采用铜条和铜端环焊接而成。

（2）绕线式转子：绕线转子绕组与定子绕组相似，也是一个对称的三相绕组，一般接成星形，三个出线头接到转轴的三个集流环上，再通过电刷与外电路连接。特点是结构较复杂，故绕线式电动机的应用不如鼠笼式电动机广泛。但通过集流环和电刷在转子绕组回路中串入附加电阻等元件，用以改善异步电动机的启动、制动性能及调速性能，故在要求一定范围内进行平滑调速的设备，如吊车、电梯、空气压缩机等上面采用。

三、三相异步电动机的其他附件

（1）端盖：支撑作用。

（2）轴承：连接转动部分与不动部分。

（3）轴承端盖：保护轴承。

（4）风扇：冷却电动机。

5.3.3　三相异步电动机的工作原理

三相异步电动机的剖面结构图如图 5-2 所示。

一、电磁感应

在具体介绍三相异步电动机的工作原理之前，我们首先要掌握电磁感应定律的内容。我们应当知道：

（1）当一个闭合电路在磁场中切割磁感线时，会在该闭合回路中产生感应电流和感应电动势，产生的感应电流的方向可以用右手定则来进行判断。

右手定则：伸开右手，使大拇指跟其余四指垂直，并且都跟手掌在一个平面内，让磁感线垂直穿入手心，大拇指指向导体运动方向，那么伸直四指指向即为感应电流的方向。

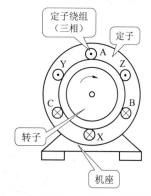

图 5-2　三相异步电动机的剖面结构图

（2）将一个带电导体放在均匀磁场中，会在该导体上产生一个电磁力，带动导体运动，该电磁力的方向可以用左手定则来判断。

左手定则：伸开左手，使大拇指跟其余四指垂直，并且都跟手掌在同一个平面内。把左手放入磁场中，让磁感线垂直穿入手心，并使伸开的四指指向电流的方向（正电荷运动方向或者等效于正电荷运动方向），那大拇指所指的方向就是通电导线在磁场中所受的安培力（或者运动电荷所受洛伦兹力）的方向。

由以上内容我们可以推断：若在装有手柄的磁铁的两极间放置一个闭合导体，当转动手柄带动蹄形磁铁旋转时，将发现导体也跟着旋转；若改变磁铁的转向，则导体的转向也跟着改变。这就是异步电动机的基本原理。

结论：欲使异步电动机旋转，必须有旋转的磁场和闭合的转子绕组。

二、工作原理

1. 旋转磁场的产生（以定子绕组星形连接为例）

图 5–3 所示为三相定子绕组 AX、BY、CZ，它们在空间按互差 120°的规律对称排列。

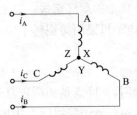

图 5–3 三相异步电动机定子接线

并接成星形与三相电源 U、V、W 相连。则三相定子绕组便通过三相对称电流；随着电流在定子绕组中通过，在三相定子绕组中就会产生旋转磁场。

$$\begin{cases} i_U = I_m \sin \omega t \\ i_V = I_m \sin (\omega t - 120°) \\ i_W = I_m \sin (\omega t + 120°) \end{cases}$$

当 $\omega t = 0°$ 时，AX 绕组中无电流；i_B 为负，BY 绕组中的电流从 Y 流入、B 流出；i_C 为正，CZ 绕组中的电流从 C 流入、Z 流出；由右手定则可得合成磁场的方向如图 5–4（a）所示。

当 $\omega t = 120°$ 时，$i_B = 0$，BY 绕组中无电流；i_A 为正，AX 绕组中的电流从 A 流入、X 流出；i_C 为负，CZ 绕组中的电流从 Z 流入、C 流出；由右手定则可得合成磁场的方向如图 5–4（b）所示。

当 $\omega t = 240°$ 时，$i_C = 0$，CZ 绕组中无电流；i_A 为负，AX 绕组中的电流从 X 流入、A 流出；i_B 为正，BY 绕组中的电流从 B 流入、Y 流出；由右手定则可得合成磁场的方向如图 5–4（c）所示。

可见，当定子绕组中的电流变化一个周期时，合成磁场也按电流的相序方向在空间旋转一周。随着定子绕组中的三相电流不断地做周期性变化，产生的合成磁场也不断地旋转，因此称为旋转磁场。

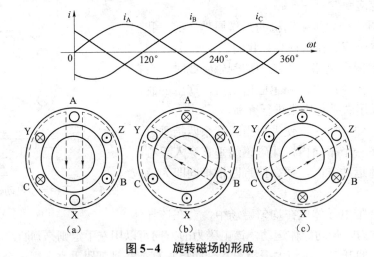

图 5–4 旋转磁场的形成

（a）$\omega t = 0°$；（b）$\omega t = 120°$；（c）$\omega t = 240°$

由以上知识可知，旋转磁场的方向是由三相绕组中电流相序决定的，若想改变旋转磁场的方向，只要改变通入定子绕组的电流相序，即将三根电源线中的任意两根对调即可。这时，转子的旋转方向也跟着改变。

2. 旋转电磁力的产生

定子绕组中通入三相交流电时，在定子和转子的气隙之间产生旋转磁场，无论旋转磁场的转向如何，都可以看作转子绕组在反方向切割磁力线，根据电磁感应定律，转子绕组中则会产生感应电动势和感应电流，而带电的转子绕组将会在磁场中受到电磁力的作用，根据右手定则和左手定则，转子导体的受力方向与旋转磁场的方向相同，该电磁力在转子绕组上产生转矩 M，使转子随着旋转磁场开始旋转，从而实现了从电能到机械能的转换。

旋转磁场的转速记为 n_0，电动机转子转速记为 n，通过以上分析可知电动机转子转动方向与磁场旋转的方向一致，但 $n < n_0$，因此被称为异步电动机。

3. 电动机参数

（1）磁极数（磁极对数 p）。

由图 5-4 可知，当每相绕组只有一个线圈，绕组的始端之间相差 120° 空间角时，在旋转磁场中有一对磁极，此时记为磁极对数 $p = 1$。

当每相绕组为两个线圈串联，绕组的始端之间相差 60° 空间角时，产生的旋转磁场具有两对极，即 $p = 2$。

同理，如果要产生三对极，即 $p = 3$ 的旋转磁场，则每相绕组必须有均匀安排在空间的串联的三个线圈，绕组的始端之间相差 40°（$=120°/p$）空间角。极数 p 与绕组的始端之间的空间角 θ 的关系为：$\theta = \dfrac{120°}{p}$。

（2）转速。

三相异步电动机旋转磁场的转速 n_0 与电动机磁极对数 p 有关，它们的关系是：

$$n_0 = \frac{60 f_1}{p} \tag{5-1}$$

由式（5-1）可知，旋转磁场的转速 n_0 决定于电流频率 f_1 和磁场的极数 p。对某一异步电动机而言，f_1 和 p 通常是一定的，所以磁场转速 n_0 是个常数。

在我国，工频 $f_1 = 50$ Hz，因此对应于不同磁极对数 p 的旋转磁场，转速 n_0 见表 5-1。

表 5-1 转速表

p	1	2	3	4	5	6
$n_0 / (\text{r} \cdot \text{min}^{-1})$	3 000	1 500	1 000	750	600	500

而电动机转速 n 通常略小于旋转磁场转速 n_0。

（3）转差率 s。

电动机转子转动方向与旋转磁场的方向相同，但转子的转速 n 不可能达到与旋转磁场的转速 n_0 相等，否则转子与旋转磁场之间就没有相对运动，因而磁力线就不切割转子导体，转子电动势、转子电流以及转矩也就都不存在。也就是说旋转磁场与转子之间存在转速差，又因为这种电动机的转动原理是建立在电磁感应基础上的，故又称为感应电动机。

旋转磁场的转速 n_0 常称为同步转速。

转差率 s——用来表示转子转速 n 与磁场转速 n_0 相差的程度的物理量。即：

$$s = \frac{n_0 - n}{n_0} = \frac{\Delta n}{n_0} \tag{5-2}$$

转差率是异步电动机的一个重要的物理量。

当旋转磁场以同步转速 n_0 开始旋转时，转子则因机械惯性尚未转动，转子的瞬间转速 $n = 0$，

这时转差率 $s=1$。转子转动起来之后，$n>0$，(n_0-n) 差值减小，电动机的转差率 $s<1$。如果转轴上的阻转矩加大，则转子转速 n 降低，即异步程度加大，才能产生足够大的感应电动势和电流，产生足够大的电磁转矩，这时的转差率 s 增大。反之，s 减小。异步电动机运行时，转速与同步转速一般很接近，转差率很小。在额定工作状态下为 0.015～0.06。

根据式（5-2），可以得到电动机的转速常用公式为

$$n=(1-s)n_0$$

例 5.1 有一台三相异步电动机，其额定转速 $n_N=1460\,\mathrm{r/min}$，电源频率 $f=50\,\mathrm{Hz}$，求电动机的磁极数和额定负载时的转差率。

解： 三相异步电动机的额定转速接近而略小于同步转速。在不同的极对数下，同步转速是恒定的，对应着 $n_N=1460\,\mathrm{r/min}$ 相近的同步转速 $n_0=1500\,\mathrm{r/min}$，与此对应的磁极对数 $p=2$，则磁极数应为 4。

额定负载时的转差率为

$$s_N=\frac{n_0-n}{n_0}=\frac{1500-1460}{1500}=0.03$$

5.3.4 电动机的工作特性

一、转矩特性（简称转矩）

异步电动机的转矩 T 是由旋转磁场的每极磁通 Φ 与转子电流相互作用而产生的。电磁转矩的大小与转子绕组中的电流 I 及旋转磁场的强弱有关。

经理论证明，它们的关系是：

$$T=K_T\Phi I_2\cos\varphi_2 \qquad (5-3)$$

式中，T 为电磁转矩；K_T 为与电机结构有关的常数；Φ 为旋转磁场每个极的磁通量；I_2 为转子绕组电流的有效值；φ_2 为转子电流滞后于转子电势的相位角。

若考虑电源电压及电机的一些参数与电磁转矩的关系，式（5-3）修正为：

$$T=K_T'\frac{sR_2U_1^2}{R_2^2+(sX_{20})^2} \qquad (5-4)$$

式中，K_T' 为常数，U_1 为定子绕组的相电压，s 为转差率，R_2 为转子每相绕组的电阻，X_{20} 为转子静止时每相绕组的感抗。

由式（5-4）可知，转矩 T 还与定子每相电压 U_1 的平方成比例，所以当电源电压有所变动时，对转矩的影响很大。此外，转矩 T 还受转子电阻 R_2 的影响。图 5-5（a）所示为异步电动机的转矩特性曲线。

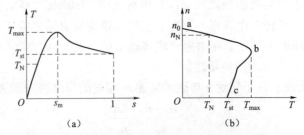

图 5-5 三相异步电动机的转矩和机械特性曲线

（a）$T=f(s)$ 曲线；（b）$n=f(T)$ 曲线

二、机械特性

在一定的电源电压 U_1 和转子电阻 R_2 下，电动机的转矩 T 与转差率 n 之间的关系曲线 $T = f(s)$ 或转速与转矩的关系曲线 $n = f(T)$，称为电动机的机械特性曲线，它可根据式（5-4）得出，如图 5-5（b）所示。

在特性曲线上我们要讨论以下三个转矩。

1. 额定转矩 T_N

额定转矩 T_N 是异步电动机带额定负载时，转轴上的输出转矩。

$$T_N = 9\,550 \frac{P_2}{n} \qquad\qquad (5-5)$$

式中，P_2 是电动机轴上输出的机械功率，其单位是瓦特（W）；n 的单位是转/分（r/min）；T_N 的单位是牛·米（N·m）。

当忽略电动机本身机械摩擦转矩 T_0 时，阻转矩近似为负载转矩 T_L，电动机做等速旋转时，电磁转矩 T 必与阻转矩 T_L 相等，即 $T = T_L$。额定负载时，则有 $T_N = T_L$。

2. 最大转矩 T_M

T_M 又称为临界转矩，是电动机可能产生的最大电磁转矩。它反映了电动机的过载能力。最大转矩对应的转差率为 s_m，此时的 s_m 叫作临界转差率，见图 5-5（a）。最大转矩 T_M 与额定转矩 T_N 之比称为电动机的过载系数 λ，即 $\lambda = \dfrac{T_m}{T_N}$。一般三相异步电动机的过载系数在 1.8～2.2 之间。在选用电动机时，必须考虑可能出现的最大负载转矩，而后根据所选电动机的过载系数算出电动机的最大转矩，它必须大于最大负载转矩。否则，就是重选电动机。

3. 启动转矩 T_{st}

T_{st} 为电动机启动初始瞬间的转矩，即 $n=0$，$s=1$ 时的转矩。为确保电动机能够带额定负载启动，必须满足：$T_{st} > T_N$，一般的三相异步电动机有 $\dfrac{T_{st}}{T_N} = 1～2.2$。

5.3.5 三相异步电动机的控制

一、三相异步电动机的启动

三相异步电动机的启动是指电动机接通电源以后，转子从静止到达额定转速的全过程。三相异步电动机启动的要求主要有：电动机应有足够大的启动转矩和最小转矩，以带动负载很快启动并稳定工作；应有足够的过载能力；启动电流要小，启动时间尽可能短。三相异步电动机的启动方法主要有直接启动、传统减压启动和软启动三种启动方法。下面逐一详细介绍。

1. 直接启动

直接启动，也叫全压启动。启动时通过一些直接启动设备，将全部电源电压（即全压）直接加到异步电动机的定子绕组，使电动机在额定电压下进行启动。一般情况下，直接启动时启动电流为额定电流的 3～8 倍，启动转矩为额定转矩的 1～2 倍。根据对国产电动机实际测量，某些笼型异步电动机启动电流甚至可以达到 8～12 倍。

直接启动的启动线路是最简单的，然而这种启动方法有诸多不足。对于需要频繁启动的电动机，过大的启动电流会造成电动机的发热，缩短电动机的使用寿命；同时电动机绕组在电动力的作用下，会发生变形，可能引起短路进而烧毁电动机；另外过大的启动电流，会使线路电压降增大，造成电网电压的显著下降，从而影响同一电网的其他设备的正常工作，有时甚至使它们停下来或无法带负载启动。一般情况下，异步电动机的功率小于 7.5 kW 时允许直接启动。如果功率大于 7.5 kW，而电源总容量较大，能符合下式要求的话，电动机也可允许直接启动。

$$\frac{I_{ST}}{I_N} \leqslant \frac{1}{4}\left[3 + \frac{电源总容量（kV \cdot A）}{电动机容量（kW）}\right]$$

如果不能满足上式的要求，则必须采用减压启动的方法，通过减压，把启动电流 I_{st} 限制到允许的数值。

2. 减压启动

减压启动是在启动时先降低定子绕组上的电压，待启动后，再把电压恢复到额定值。减压启动虽然可以减小启动电流，但是同时启动转矩也会减小。因此，减压启动方法一般只适用于轻载或空载情况。传统减压启动的具体方法很多，这里介绍以下三种减压启动的方法。

（1）定子串接电阻或电抗启动。

定子绕组串接电阻或电抗相当于降低定子绕组的外加电压。由三相异步电动机的等效电路可知：启动电流正比于定子绕组的电压，因而定子绕组串接电阻或电抗可以达到减小启动电流的目的。但考虑到启动转矩与定子绕组电压的平方成正比，启动转矩会降低得更多。因此，这种启动方法仅仅适用于空载或轻载启动场合。

对于容量较小的异步电动机，一般采用定子绕组串接电阻降压；但对于容量较大的异步电动机，考虑到串接电阻会造成铜耗较大，故采用定子绕组串接电抗降压启动。

（2）星–三角形启动。

星–三角形启动法是电动机启动时，定子绕组为星形（丫）接法，当转速上升至接近额定转速时，将绕组切换为三角形（△）接法，使电动机转为正常运行的一种启动方式。星–三角形启动方法虽然简单，但电动机定子绕组的六个出线端都要引出来，略显麻烦。

定子绕组接成星形连接后，每相绕组的相电压为三角形连接（全压）时的 1/3，故星–三角形启动时启动电流及启动转矩均下降为直接启动的 1/3。由于启动转矩小，该方法只适合于轻载启动的场合。

（3）自耦变压器启动。

自耦变压器启动法就是电动机启动时，电源通过自耦变压器降压后接到电动机上，待转速上升至接近额定转速时，将自耦变压器从电源切除，而使电动机直接接到电网上转化为正常运行的一种启动方法。

自耦变压器启动适用于容量较大的低压电动机作减压启动用，应用非常广泛，有手动及自动控制线路。其优点是电压抽头可供不同负载启动时选择；缺点是质量大、体积大、价格高、维护检修费用高。

3. 软启动

软启动可分为有级和无级两类，前者的调节是分挡的，后者的调节是连续的。在电动机定子回路中，通过串入限流作用的电力器件实现软启动，叫作降压或者限流软启动。它是软启动中的一个重要类别。按限流器件不同可分为：以电解液限流的液阻软启动；以磁饱和电抗器为限流器件的磁控软启动；以晶闸管为限流器件的晶闸管软启动。

晶闸管软启动产品问世不过 30 年左右的时间，它是当今电力电子器件长足进步的结果。10 年前，电气工程界就有人预言，晶闸管软启动将引发软启动行业的一场革命。目前在低压（380 V）内，晶闸管软启动产品价格已经下降到液阻软启动的大约 2 倍，其至更低。而其主要性能却优于液阻软启动。与液阻软启动相比，它的体积小、结构紧凑，维护量小，功能齐全，菜单丰富，启动重复性好，保护周全，这些都是液阻软启动无法比拟的。

但是晶闸管软启动产品也有缺点。一是高压产品的价格太高，是液阻软启动产品的 5～10 倍，二是晶闸管引起的高次谐波比较严重。

二、三相异步电动机的制动

三相异步电动机切除电源后依惯性总要转动一段时间才能停下来。而生产中起重机的吊钩或卷扬机的吊篮要求准确定位；万能铣床的主轴要求能迅速停下来。这些都需要对拖动的电动机进行制动，其方法主要有两大类：机械制动和电力制动。

1. 机械制动

机械制动是指采用机械装置使电动机断开电源后迅速停转的制动方法。如电磁抱闸、电磁离合器等电磁铁制动器。

2. 电力制动

电力制动是指电动机在切断电源的同时给电动机一个和实际转向相反的电磁力矩（制动力矩）使电动迅速停止的方法。最常用的方法有：反接制动、能耗制动和回馈制动。

（1）反接制动。

在电动机切断正常运转电源的同时改变电动机定子绕组的电源相序，使之有反转趋势而产生较大的制动力矩的方法。反接制动的实质：使电动机欲反转而制动，因此当电动机的转速接近零时，应立即切断反接制动电源，否则电动机会反转。实际控制中采用速度继电器来自动切除制动电源。

一般地，速度继电器的释放值调整到 90 r/min 左右，如释放值调整得太大，反接制动不充分；调整得太小，又不能及时断开电源而造成短时反转现象。

反接制动的制动力强，制动迅速，控制电路简单，设备投资少，但制动准确性差，制动过程中冲击力强烈，易损坏传动部件。因此适用于 10 kW 以下小容量的电动机制动要求迅速、系统惯性大，不经常启动与制动的设备，如铣床、镗床、中型车床等主轴的制动控制。

（2）能耗制动。

能耗制动是指电动机切断交流电源的同时给定子绕组的任意二相加一直流电源，以产生静止磁场，依靠转子的惯性转动切割该静止磁场产生制动力矩的方法。

能耗制动平稳、准确，能量消耗小，但需附加直流电源装置，设备投资较高，制动力较弱，在低速时制动力矩小。主要用于容量较大的电动机制动或制动频繁的场合及制动准确、平稳的设备，如磨床、立式铣床等的控制，但不适用于紧急制动停车。能耗制动还可用时间继电器代替速度继电器进行制动控制。

（3）回馈制动。

所谓回馈制动是指三相异步电动机在运行状态下时，由于某种原因，使电动机的转速超过了（转向不变，$n > n_0$），这时转子导体切割旋转磁场的方向改变，电磁转矩方向改变，电动机便处于回馈制动状态（T_m 与 n 转向相反）。回馈制动状态实际上就是将轴上的机械能转变为电能并回馈到电网中去的发电运行状态，所以又称为再生发电制动（再生回馈制动）。

在实际生产中，回馈制动出现在以下两种情况中：一种是电动机拖动位能型负载由提升变为下放时，首先将电动机定子反接，电动机进入反接制动，提升速度很快下降为零，并反向启动加速放下，直至超过同步转速进入回馈制动状态，当制动转矩等于负载转矩时，稳速下放；另一种是三相异步电动机变极或变频调速减速过程中，由于同步转速减小了而转子转速不能突变，短时间内出现 $n > n_0$ 状态，电磁转矩反向使电动机制动减速。

三、三相异步电动机调速

所谓电动机调速，即是负载不变时改变电动机的转速或者负载变化时保持电动机转速不变。由转差率的公式可得

$$n = (1-s)n_0 = (1-s)\frac{60f_1}{p}$$

由此可得电动机的调速方式有三种：变转差率调速、变频调速和变磁极对数调速，变转差率调速又包括转子串电阻调速、转子电路引入附加电势调速等。从调速的本质来看，不同的调速方式无非是改变交流电动机的同步转速或不改变同步转速两种。

1. 变磁极对数调速方法

这种调速方法是用改变定子绕组的接线方式来改变笼型电动机定子磁极对数达到调速目的，特点是：具有较硬的机械特性，稳定性良好；无转差损耗，效率高；接线简单、控制方便、价格低；有级调速，级差较大，不能获得平滑调速。

可以与调压调速、电磁转差离合器配合使用，获得较高效率的平滑调速特性。

本方法适用于不需要无级调速的生产机械，如金属切削机床、升降机、起重设备、风机、水泵等。

2. 变频调速方法

变频调速是改变电动机定子电源的频率，从而改变其同步转速的调速方法。变频调速系统主要设备是提供变频电源的变频器，变频器可分成交流–直流–交流变频器和交流–交流变频器两大类，目前国内大都使用交流–直流–交流变频器。其特点是：效率高，调速过程中没有附加损耗；应用范围广，可用于笼型异步电动机；调速范围大，特性硬，精度高；技术复杂，造价高，维护检修困难。

本方法适用于要求精度高、调速性能较好的场合。

3. 串级调速方法

串级调速是指绕线式电动机转子回路中串入可调节的附加电势来改变电动机的转差，达到调速的目的。大部分转差功率被串入的附加电势所吸收，再利用产生附加的装置，把吸收的转差功率返回电网或转换能量加以利用。根据转差功率吸收利用方式，串级调速可分为电机串级调速、机械串级调速及晶闸管串级调速形式，多采用晶闸管串级调速，其特点为：可将调速过程中的转差损耗回馈到电网或生产机械上，效率较高；装置容量与调速范围成正比，投资省，适用于调速范围在额定转速 70%～90% 的生产机械上；调速装置故障时可以切换至全速运行，避免停产；晶闸管串级调速功率因数偏低，谐波影响较大。

本方法适合于风机、水泵及轧钢机、矿井提升机、挤压机上使用。

4. 绕线式电动机转子串电阻调速方法

绕线式异步电动机转子串入附加电阻，使电动机的转差率加大，电动机在较低的转速下运行。串入的电阻越大，电动机的转速越低。此方法设备简单，控制方便，但转差功率以发热的形式消耗在电阻上。属有级调速，机械特性较软。

5. 定子调压调速方法

当改变电动机的定子电压时，可以得到一组不同的机械特性曲线，从而获得不同转速。由于电动机的转矩与电压的平方成正比，因此最大转矩下降很多，其调速范围较小，使一般笼型电动机难以应用。为了扩大调速范围，调压调速应采用转子电阻值大的笼型电动机，如专供调压调速用的力矩电动机，或者在绕线式电动机上串联频敏电阻。为了扩大稳定运行范围，当调速在 2:1 以上的场合应采用反馈控制以达到自动调节转速的目的。调压调速的主要装置是一个能提供电压变化的电源，目前常用的调压方式有串联饱和电抗器、自耦变压器以及晶闸管调压等几种。晶闸管调压方式为最佳。调压调速的特点：调压调速线路简单，易实现自动控制；调压过程中转差功率以发热形式消耗在转子电阻中，效率较低。

定子调压调速方法一般适用于 100 kW 以下的生产机械。

5.4 实 践 知 识

5.4.1 三相异步电动机点动、联动控制电路

三相异步电动机点动、联动控制电路如图 5-6 所示。

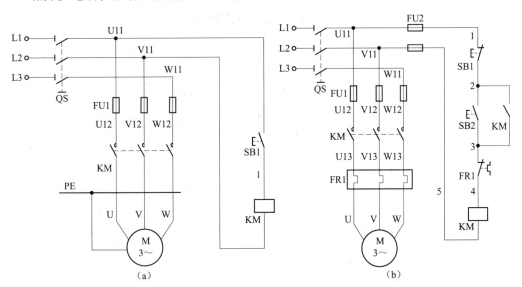

图 5-6 三相异步电动机点动、联动控制电路

（a）点动；（b）联动

5.4.2 三相异步电动机正反转控制电路

三相异步电动机正反转控制电路如图 5-7 所示。

5.4.3 三相异步电动机无变压器半波整流单向启动

三相异步电动机无变压器半波整流单向启动电路如图 5-8 所示。

具体安装见《电工电子技术实训指导书》。

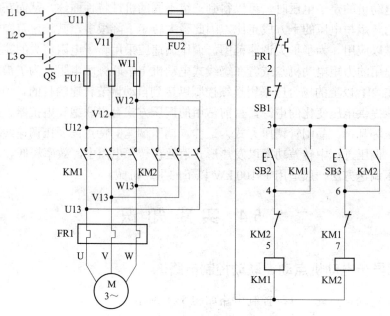

图5-7 三相异步电动机正反转控制电路

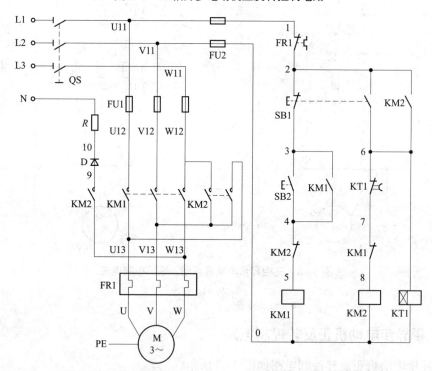

图5-8 三相异步电动机无变压器半波整流单向启动电路

5.5 项 目 实 施

一、分组

将学生进行分组，通常 3～5 人一组，选出小组负责人，下达任务。

二、讲解项目原理及具体要求

原理部分见本章 5.3 节。

具体要求：

（1）通过对三相鼠笼式异步电动机点动、连续、正反转控制线路的安装接线，掌握由电气原理图接成实际操作电路的方法。

（2）加深对电气控制系统各种保护、自锁等环节的理解。

（3）学会分析、排除继电–接触控制线路故障的一般方法。

（4）认识各电器的结构、图形符号、接线方法，并用万用表 Ω 挡检查各电器线圈、触头是否完好。

三、学生具体实施

学生根据项目内容，分组讨论，查阅资料，给出总体设计方案，到实验实训室进行相关测量实验。在以上过程中，教师要起主导作用，实时指导，并控制项目实施节奏，保证在规定课时内完成该项目。

四、学生展示

学生可以以电子版 PPT、图片或成品的形式对本组的项目实施方案进行阐述，对项目实施成果进行展示。

五、评价

项目评价以自评和互评的形式展开，填写项目自评互评表，教师整体对该项目进行总结，对好的进行表扬，差的指出不足。

在项目具体实施过程中，所需项目方案实施计划单、材料工具清单、项目检查单和项目评价单见书后附录 A、B、C、D。

5.6 习题及拓展训练

1. 已知一台三相异步电动机，额定功率为 70 kW，额定电压为 220/380 V，额定转速为 725 r/min，$\lambda = 2.4$，求其转矩的实用公式及 $s = 0.02$ 时，T_m 的值。

2. 某三相鼠笼式异步电动机铭牌上标注的额定电压为 380/220 V，接在 380 V 的交流电网上空载启动，能否采用 Y–△降压启动？

3. 感应电动机定子绕组与转子绕组之间没有直接的联系，为什么负载增加时，定子电流和输入功率会自动增加，试说明其物理过程。从空载到满载电机主磁通有无变化？

4. 异步电动机拖动额定负载运行时，若电源电压下降过多，往往会使电动机过热甚至烧毁，试说明原因。

5. 若拖动恒转矩负载的三相异步电动机保持 $E_1/f_1 = $ 常数，当 $f_1 = 50$ Hz 时，$n = 2\,900$ r/min。若频率降到 $f_1 = 40$ Hz 时，则电动机转速为多少？

6. 在额定工作情况下的三相异步电动机 Y180L-6 型,其转速为960 r/min,频率为50 Hz,问电动机的同步转速是多少?有几对磁极对数?转差率是多少?

7. 一台两极三相异步电动机,额定功率为 10 kW,额定转速为 $n_N =2\,940$ r/min,额定频率 $f_1 =50$ Hz,求:额定转差率 s_N,轴上的额定转矩 T_N。

8. 一台三相异步电动机,电源频率 $f_1=$ 50 Hz,额定转差率 $s_N =0.02$。求:当磁极对数 $p=3$ 时电动机的同步转速 n_0 及额定转速 n_N。

9. 有一台三相异步电动机,其铭牌数据如下:型号 Y180L-6,50 Hz,15 kW,380 V,31.4 A,970 r/min,$\cos\varphi =0.88$,当电源线电压 380 V 时,求:(1)电动机满载运行时的转差率;(2)电动机的额定转矩;(3)电动机满载运行时的输入电功率;(4)电动机满载运行时的效率。

10. 某异步电动机,其额定功率为 55 kW,额定电压为 380 V、额定电流为 101 A,功率因数为 0.9。试求该电机的效率。

11. 有一台四极异步电动机的额定输出功率为 28 kW,额定转速为 1 370 r/min,过载系数 $\lambda =2.0$,试求异步电动机的:(1)额定转矩;(2)最大转矩;(3)额定转差率。

12. 某三相异步电动机其额定功率为 10 kW,额定电压为 380 V,以三角形连接,额定效率为87.5%,额定功率因数为 0.88,额定转速为 2 920 r/min。过载能力为 2.2,启动能力为 1.4,试求电动机额定电流、额定转矩、启动转矩、最大转矩。

项目六 简易助听器的制作

6.1 项 目 目 标

 知识目标

熟悉二极管、三极管的结构及特性；理解放大电路的组成与分析方法。

 能力目标

熟悉示波器的使用方法。

 情感目标

培养学生的团队意识和创新意识。

6.2 工 作 情 境

放大电路的功能是将微弱的电信号（电压、电流、功率）放大成较强的电信号。例如扩音器就是放大电路的典型应用，话筒将声音转换为电信号，此时电信号的幅度一般只有几毫伏，不能推动较大功率的扬声器发出声音。只有经过扩音器放大电路放大后，原来微弱的电信号才能转换为较大功率的电信号，驱动扬声器发出比原来大得多的声音。图 6-1 所示为扩音机工作示意图。

图 6-1 扩音器工作示意图

在本项目的实施过程中，学生需学会万用表的使用，并以此来判别晶体管的极性，掌握查阅三极管的各种资料及参数；在项目的实施中锻炼了学生识读电路图以及基本电子元器件的能力，使学生掌握对基本放大电路能进行分析计算，对扩音器电路能进行安装调试，并对项目实施中电路故障进行分析、判断的实践经验。

6.3 理 论 知 识

6.3.1 半导体元件及其特性

一、半导体的基础知识与 PN 结

导电能力介于导体和绝缘体之间的物质称为半导体。在自然界中属于半导体的物质很多，用来制造半导体器件的材料主要有硅、锗和砷化镓等，其中硅用得最广泛。

（一）本征半导体

纯净的单晶半导体称为本征半导体。所谓单晶半导体就是组成半导体的原子在空间排列成整齐的点阵（称为晶格），结构比较稳定。硅和锗是常见的本征半导体材料，都是四价元素，它们的原子结构如图 6-2 所示，其原子最外层轨道上有四个电子——价电子，为相邻的原子所共有形成共价键，如图 6-3 所示，图中+4 代表四价元素原子核和内层电子所具有的净电荷，共价键中的价电子将受共价键的束缚。

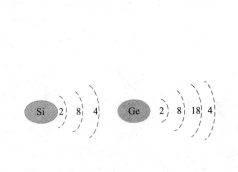

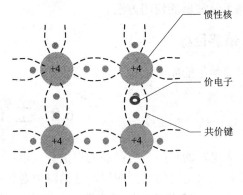

图 6-2 硅（锗）的原子结构　　　　　图 6-3 硅（锗）的共价键结构

在本征半导体中存在着两种极性的载流子：带负电荷的自由电子和带正电荷的空穴。在室温或光照下，少数价电子可以获得足够的能量摆脱共价键的束缚成为自由电子，同时在共价键中留下一个空位，这个空位称为空穴，这种现象成为本征激发，本征激发产生的自由电子和空穴是成对的，原子失去价电子后带正电荷，可等效地看成是因为有了带正电的空穴。空穴很容易吸引邻近共价键中的价电子去填补，使空位发生转移，这种价电子补充空位的运动可以看作是空穴在运动，但运动方向与价电子运动方向相反。自由电子和空穴在运动中相遇时会重新结合而成对消失，这种现象称为复合。

结论：（1）本征半导体中电子、空穴成对出现，且数量少。

（2）半导体中有电子和空穴两种载流子参与导电。

（3）本征半导体导电能力弱，并与温度有关。温度越高，载流子的浓度越高，因此本征半导体的导电能力越强。温度是影响半导体性能的一个重要的外部因素，这是半导体的一大特点。

（二）杂质半导体

如果在本征半导体中掺入微量杂质（其他元素），形成杂质半导体，其导电能力将会显著

变化。根据掺入杂质的不同，可以分为 P 型半导体和 N 型半导体。

1. N 型半导体

在本征半导体硅（或锗）中掺入微量的五价元素，例如磷、砷等就形成了 N 型半导体。杂质原子替代了晶格中的某些硅原子，它的 4 个价电子和周围 4 个硅原子组成共价键，而多出一个价电子只能位于共价键之外，如图 6-4 所示，这个多余的价电子在室温下就能挣脱原子核的束缚成为自由电子，杂质原子则变成带正电荷的离子，成为施主离子。掺入多少杂质原子就能电离产生多少个自由电子，因此自由电子的浓度大大增加了。这种以电子导电为主的半导体称为 N 型半导体，其中自由电子是多数载流子（简称多子），空穴为少数载流子（简称少子）。

2. P 型半导体

在本征半导体硅（或锗）中三价杂质元素，如硼、镓等就形成了 P 型半导体。杂质原子替代了晶格中的某些硅原子，它的 4 个价电子和周围 4 个硅原子组成共价键时因缺少一个价电子而产生一个空位，如图 6-5 所示，这个空位在室温下极容易被邻近共价键中的价电子所填补，使杂质原子变成负离子，称为受主离子。掺入多少杂质原子就能电离产生多少个空穴，因此空穴的浓度大大增加了。这种以空穴导电为主的半导体称为 P 型半导体，其中空穴是多数载流子（简称多子），自由电子为少数载流子（简称少子）。

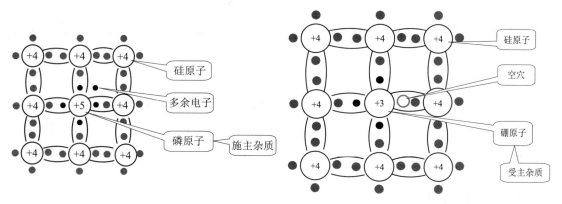

图 6-4　N 型半导体结构示意图　　　　图 6-5　P 型半导体结构示意图

（三）PN 结

在同一片半导体基片上，分别制造 P 型半导体和 N 型半导体，由于 P 型和 N 型半导体界面两侧的两种载流子浓度有很大的差异，因此会产生载流子从高浓度区向低浓度区扩散，如图 6-6 所示，P 区中的多子空穴扩散到 N 区，与 N 区中的自由电子复合而消失；N 区中的多子电子向 P 区扩散并与 P 区中的空穴复合而消失。其结构使交界面附近载流子的浓度骤减，形成了由不能移动的杂质离子构成的空间电荷区，同时建立了内电场，内电场的方向由 N 区指向 P 区。内电场将产生两个作用：一方面阻碍多子

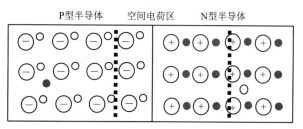

图 6-6　PN 结的形成

的扩散运动，另一方面促使两个区靠近交界面处的少子产生漂移（自由电子和空穴的定向运动）。起始时内电场较小，扩散运动强于漂移运动，随着扩散的进行，空间电荷区增宽，内电场增大，扩散运动逐渐减弱，漂移运动逐渐加强。当外部条件一定时，扩散运动和漂移运动最终达到动态平衡，即扩散过去多少载流子必然漂移过来同样多的同类载流子，因此扩散电流等于漂移电流，这时空间电荷区的宽度一定，内电场一定，形成所谓的 PN 结。

PN 结的单向导电性

加在 PN 结上的电压称为偏置电压，若 P 区接电位高端、N 区接电位低端，则称 PN 结外接正向电压或 PN 结正向偏置，简称正偏，如图 6–7 所示。这时外加电压产生外电场，与 PN 结的内电场方向相反，内电场被削弱，形成较大的扩散电流，即正向电流。PN 结的正向电阻很低，处于正向导通状态。

若 P 区接电位低端、N 区接电位高端，则称 PN 结外接反向电压或 PN 结反向偏置，简称反偏，如图 6–8 所示。这时外加电压产生外电场，与 PN 结内电场方向相同，内电场被增强，使得 PN 结的反向电阻很大，形成很小的扩散电流，即反向电流，处于反向截止状态。

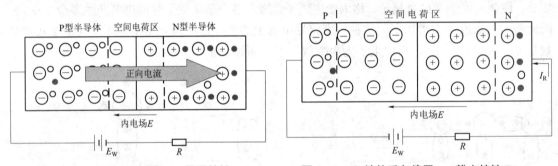

图 6–7 PN 结的正向偏置——导通特性   图 6–8 PN 结的反向偏置——截止特性

总结：PN 结加正向电压时，电阻很小，电流很大，并随外加电压变化有显著变化，PN 结处于正向导通状态；而加反向电压时，电阻很大，电流极小，且不随外加电压变化，PN 结处于截止状态。这就是 PN 结的单向导电性。

二、半导体二极管

（一）二极管的结构

把 PN 结用管壳封装，然后在 P 区和 N 区分别向外引出一个电极，即可构成一个二极管，如图 6–9（a）所示，其电路符号如图 6–9（b）所示。由 P 区引出的电极称为正极（或阳极），由 N 区引出的电极称为负极（或阴极），电路符号中的箭头方向表示正向电流的流通方向。二极管是电子技术中最基本的半导体器件之一。根据其用途分有检波管、开关管、稳压管和整流管等。

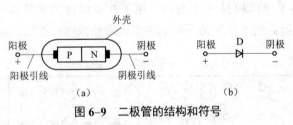

图 6–9 二极管的结构和符号

（二）二极管的分类

（1）按材料分：有硅二极管、锗二极管和砷化镓二极管等。

（2）按结构分：根据 PN 结面积大小，有点接触型、面接触型二极管，其结构如图 6–10 所示。

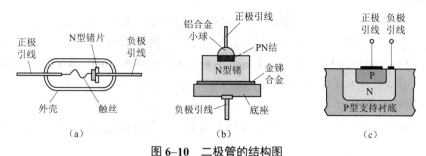

图 6-10 二极管的结构图

（a）点接触型；（b）面接触型；（c）集成电路中的平面型

点接触型二极管结面积小，所以不能承受大的电流和高的反向电压，由于点接触型二极管极间电容很小，所以适用于高频检波、脉冲电路及计算机中的开关元件。面接触型二极管结面积大，适用于低频整流器件。

（3）按用途分：有整流、稳压、开关、发光、光电、变容、阻尼等二极管。

（4）按封装形式分：有塑封及金属封等二极管。

（5）按功率分：有大功率、中功率及小功率等二极管。

（三）二极管的伏安特性

半导体二极管的核心是 PN 结，它的特性就是 PN 结的特性——单向导电性。在外加于二极管两端的电压 u_D 的作用下，二极管电流 i_D 的变化规律如图 6-11 所示，它称为二极管的伏安特性曲线。其数学表达式为

$$i_D = I_S \left(e^{\frac{u_D}{U_T}} - 1 \right) \tag{6-1}$$

其中，$U_T = KT/q$。I_S 为二极管的反向饱和电流，单位为 A；$K = 1.38 \times 10^{-23}$ J/K，为玻尔兹曼常数；T 为热力学温度，单位为 K；$q = 1.6 \times 10^{-19}$ C；U_T 称为温度电压当量；在常温（T=300 JK）下，$U_T = 26$ mV。

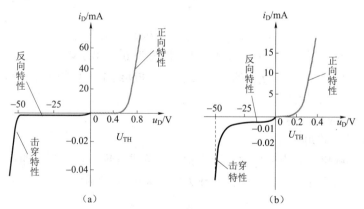

图 6-11 二极管的伏安特性

（a）硅管的伏安特性；（b）锗管的伏安特性

1. **二极管的正向特性**

当外加正向电压小于 U_{TH} 时，外电场不足以克服 PN 结的内电场对多子扩散运动造成的阻力，正向电流几乎为零，二极管呈现为一个大电阻，好像有一个门槛，因此将电压 U_{TH} 称

为门槛电压（又称死区电压）。在室温下，硅管的 U_{TH} 约为 0.5 V，锗管的 U_{TH} 约为 0.1 V。当外加正向电压大于 U_{TH} 后，PN 结的内电场大为削弱，二极管的电流随外加电压增加而显著增大，由式（6-1）可知电流与外加电压成指数关系。实际电路中二极管导通正向压降，硅管为 0.6～0.8 V（通常取 0.7 V），锗管为 0.2～0.3 V（通常取 0.2 V）。

2. 二极管的反向特性

二极管两端加上反向电压时，由式（6-1）可知，反向电流很小，且与反向电压无关，约等于 I_S。

3. 二极管的反向击穿特性

当反向电压增加到某一数值 U_{BR} 时，反向电流急剧增大，这种现象叫作二极管的反向击穿。

4. 温度对特性的影响

由于二极管的核心是一个 PN 结，它的导电性能与温度有关，温度升高时二极管正向特性曲线向左移动，正向压降减小；反向特性曲线向下移动，反向电流增大。

（四）二极管的主要参数

半导体二极管的参数包括最大整流电流 I_F、反向击穿电压 U_{BR}、最大反向工作电压 U_{RM}、反向电流 I_R、正向压降 U_F、最高工作频率 f_{max} 和结电容 C_j 等。几个主要的参数介绍如下：

（1）最大整流电流 I_F ——二极管长期运行允许通过的最大正向平均电流；使用时若超过此值，有可能烧坏二极管。

（2）反向击穿电压 U_{BR} 和最大反向工作电压 U_{RM} ——反向电流急剧增加时对应的反向电压值称为反向击穿电压 U_{BR}。为安全计，在实际工作时，最大反向工作电压 U_{RM} 一般只按反向击穿电压 U_{BR} 的一半计算。

（3）反向电流 I_R ——二极管未击穿时的反向电流值。其值会随温度的升高而急剧增加，其值越小，二极管单向导电性能越好。硅二极管的反向电流一般在纳安（nA）级；锗二极管在微安（μA）级。

（4）正向压降 U_F ——在规定的正向电流下，二极管的正向电压降。小电流硅二极管的正向压降在中等电流水平下，为 0.6～0.8 V；锗二极管为 0.2～0.3 V。

（5）最高工作频率 f_{max} —— f_{max} 的值主要取决于 PN 结结电容的大小，结电容越大，则二极管允许的最高工作频率越低。

（五）二极管的应用举例

1. 二极管的开关作用

注意：分析实际电路时为简单化，通常把二极管进行理想化处理，即正偏时视其为"短路"，截止时视其为"开路"。二极管的开关作用如图 6-12 所示。

2. 二极管的整流作用

将交流电变成单方向脉动直流电的过程称为整流。利用二极管的单向导电性能就可获得各种形式的整流电路。（二极管整流作用将在项目九中进行讲述）

3. 二极管的限幅作用

图 6-13 所示为一限幅电路。电源 u_S 是一个周期性的矩形脉冲，高电平幅值为+5 V，低电平幅值为-5 V。当输入电压 u_S=-5 V 时，二极管反偏截止，此时电路可视为开路，输出电

压 $u_O = 0\,V$；当输入电压 $u_S = +5\,V$ 时，二极管正偏导通，导通时二极管管压降近似为零，故输出电压 $u_O = +5\,V$。显然输出电压 u_O 被限幅在 $0 \sim +5\,V$ 之间。

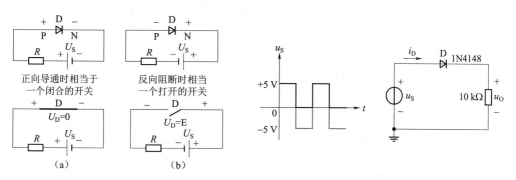

图 6-12　二极管的开关作用　　　　　　图 6-13　二极管的限幅作用

（六）特殊二极管

1. 稳压管

稳压管是由硅材料制成的特殊面接触型二极管，与普通二极管不同的是，稳压管的正常工作区域是 PN 结的反向齐纳击穿区，故而也称为齐纳二极管。稳压二极管简称稳压管，其伏安特性曲线和符号如图 6-14 所示。

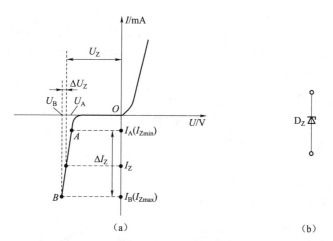

图 6-14　稳压二极管的伏安特性曲线和符号

（a）伏安特性曲线；（b）符号

显然稳压管的伏安特性曲线比普通二极管的更加陡峭。稳压二极管的反向电压几乎不随反向电流的变化而变化，这就是稳压二极管的显著特性。

2. 发光二极管

发光二极管与普通二极管一样，也是由 PN 结构成的，同样具有单向导电性，但在正向导通时能发光，所以它是一种把电能转换成光能的半导体器件。电路符号如图 6-15 所示。当发光二极管正偏时，注入 N 区和 P 区的载流子被复合时，会发出可见光和不可见光。

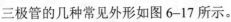

图 6-15　发光二极管电路符号

单个发光二极管常作为电子设备通断指示灯或快速光源及光电耦合器中的发光元件等。发光二极管一般使用砷化镓、磷化镓等材料制成，现有的发光二极管能发出红黄绿等颜色的光。发光二极管正常工作时应正向偏置，因死区电压较普通二极管高，因此其正偏工作电压一般在 1.3 V 以上。

发光二极管属功率控制器件，常用来作为数字电路的数码及图形显示的七段式或阵列器件。

3. 光电二极管

光电二极管也称光敏二极管，是将光信号变成电信号的半导体器件，其核心部分也是一个 PN 结。光电二极管 PN 结的结面积较小、结深很浅，一般小于一个微米。

光电二极管工作在反偏状态，它的管壳上有一个玻璃窗口，以便接受光照，其符号如图 6-16 所示。无光照时，反向电流很小，称为暗电流；有光照射时，携带能量的光子进入 PN 结后，把能量传给共价键上的束缚电子，使部分价电子挣脱共价键的束缚，产生电子-空穴对，称为光生载流子。光生载流子在反向电压作用下形成反向光电流，其强度与光照强度成正比。

图 6-16　光电二极管电路符号

光电二极管的检测方法和普通二极管的一样，通常正向电阻为几千欧，反向电阻为无穷大，否则应使光电二极管质量变差或损坏。当受到光线照射时，反向电阻显著变化，正向电阻不变。

三、半导体三极管

三极管具有放大作用，是组成各电子电路的核心器件。三极管的产生使 PN 结的应用发生了质的飞跃。它分为双极型和单极型两种类型。本节主要讨论双极型三极管的结构、工作原理、特性曲线和主要参数。

（一）三极管的结构、分类及电特性

双极型三极管是由三层杂质半导体构成的器件，由于这类三极管内部的电子载流子和空穴载流子同时参与导电，故称为双极型三极管。它有三个电极，所以又称为半导体三极管、晶体三极管等，以后我们简称为三极管。

1. 双极型三极管的基本结构和类型

三极管的几种常见外形如图 6-17 所示。

图 6-17　三极管的几种常见外形

通俗地讲，三极管内部由 P 型半导体和 N 型半导体组成的 3 层结构，按 PN 结的组合方式有 PNP 型和 NPN 型，它们的结构示意图和符号如图 6-18 所示。

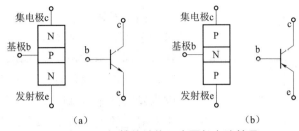

图6-18 三极管的结构示意图与电路符号

（a）NPN型；（b）PNP型

无论是 NPN 型管还是 PNP 型管，它们内部均含有三个区：发射区、基区、集电区。从三个区各引出一个金属电极分别称为发射极（e）、基极（b）和集电极（c）；同时在三个区的两个交界处形成两个 PN 结，发射区与基区之间形成的 PN 结称为发射结，集电区与基区之间形成的 PN 结称为集电结。三极管的电路符号如图 6-18 所示，符号中的箭头方向表示发射结正向偏置时的电流方向。

2. 三极管的分类

三极管有多种分类方法。

（1）按内部结构分：有 NPN 型和 PNP 型两种。

（2）按工作频率分：有低频管和高频管两种。

（3）按功率分：有小功率管和大功率管两种。

（4）按用途分：有普通三极管和开关三极管两种。

（5）按半导体材料分：有硅管和锗管两种。

3. 三极管的电特性

三极管具有两个基本特性。

（1）电流放大特性，即 $I_C = \beta I_B$ 其中，β 为三极管的电流放大系数。

（2）开关特性，即三极管饱和时，c、e 极相当于开关接通；三极管截止时，c、e 极相当于开关断开。

（二）三极管的电流放大作用

1. 三极管实现电流放大作用所需的条件

（1）内部结构条件：

① 发射区掺杂浓度很高，以便有足够的载流子供"发射"。

② 为减少载流子在基区的复合机会，基区做得很薄，一般为几个微米，且掺杂浓度较发射区低。

③ 集电结体积较大，且为了顺利收集边缘载流子，掺杂浓度较低。

可见，双极型三极管并非是两个 PN 结的简单组合，而是利用一定的掺杂工艺制作而成。因此，绝不能用两个二极管来代替，使用时也决不允许把发射极和集电极接反。

（2）外部条件：发射结正向偏置，集电结反向偏置。

2. 放大状态下晶体管中载流子的传输过程

当晶体管处在发射结正偏、集电结反偏的放大状态下，管内载流子的运动情况如图 6-19 所示。

（1）发射区向基区扩散电子。

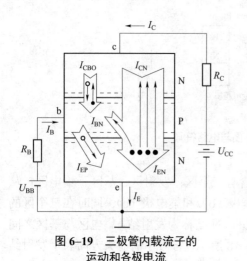

图 6-19　三极管内载流子的运动和各极电流

由于发射结正偏，因而结两侧多子的扩散占优势，这时发射区的自由电子源源不断地越过发射结注入基区，形成电子注入电流 I_{EN}。与此同时，基区空穴也向发射区注入，形成空穴注入电流 I_{EP}。因为发射区相对基区是重掺杂，基区空穴浓度远低于发射区的电子浓度，所以满足 $I_{EP} \ll I_{EN}$，可忽略不计。因此，发射极电流 $I_E \approx I_{EN}$，其方向与电子注入方向相反。

（2）电子在基区的扩散与复合。

注入基区的电子，成为基区中的非平衡少子，它在发射结处浓度最大，而在集电结处浓度最小（因集电结反偏，电子浓度近似为零）。因此，在基区中形成了非平衡电子的浓度差。在该浓度差作用下，注入基区的电子将继续向集电结扩散。在扩散过程中，非平衡电子会与基区中的空穴相遇，使部分电子因复合而失去。但由于基区很薄且空穴浓度又低，所以被复合的电子数极少，而绝大部分电子都能扩散到集电结边沿。基区中与电子复合的空穴由基极电源提供，形成基区复合电流 I_{BN}，它是基极电流 I_B 的主要部分。

（3）扩散到集电结的电子被集电区收集。

由于集电结反偏，在结内形成了较强的电场，因而，使扩散到集电结边沿的电子在该电场作用下漂移到集电区，形成集电区的收集电流 I_{CN}。该电流是构成集电极电流 I_C 的主要部分。另外，集电区和基区的少子在集电结反向电压作用下，向对方漂移形成集电结反向饱和电流 I_{CBO}，并流过集电极和基极支路，构成 I_C、I_B 的另一部分电流。

3. 电流分配关系

由以上分析可知，三极管三个电极上的电流与内部载流子传输形成的电流之间有如下关系：

$$\begin{cases} I_E \approx I_{EN} = I_{BN} + I_{CN} \\ I_B = I_{CN} - I_{CBO} \\ I_C = I_{CN} + I_{CBO} \end{cases} \tag{6-2}$$

式（6-2）表明，在发射结正偏、集电结反偏的条件下，晶体管三个电极上的电流不是孤立的，它们能够反映非平衡少子在基区扩散与复合的比例关系。这一比例关系主要由基区宽度、掺杂浓度等因素决定，管子做好后就基本确定了。反之，一旦知道了这个比例关系，就不难得到三极管三个电极电流之间的关系，从而为定量分析三极管电路提供方便。

为了反映扩散到集电区的电流 I_{CN} 与基区复合电流 I_{BN} 之间的比例关系，定义共发射极直流电流放大系数为：

$$\bar{\beta} = \frac{I_{CN}}{I_{BN}} = \frac{I_C - I_{CBO}}{I_B + I_{CBO}} \tag{6-3}$$

其含义是：基区每复合一个电子，则有 $\bar{\beta}$ 个电子扩散到集电区去。$\bar{\beta}$ 值一般在 20～200 之间。

确定了 $\bar{\beta}$ 值之后，由式（6-1）、式（6-2）可得：

$$\begin{cases} I_{\mathrm{C}} = \overline{\beta}I_{\mathrm{B}} + (1+\overline{\beta})I_{\mathrm{CBO}} = \overline{\beta}I_{\mathrm{B}} + I_{\mathrm{CEO}} \\ I_{\mathrm{F}} = (1+\overline{\beta})I_{\mathrm{B}} + (1+\overline{\beta})I_{\mathrm{CBO}} = (1+\overline{\beta})I_{\mathrm{B}} + I_{\mathrm{CEO}} \\ I_{\mathrm{B}} = I_{\mathrm{E}} - I_{\mathrm{C}} \end{cases} \tag{6-4}$$

式中，$I_{\mathrm{CEO}} = (1+\overline{\beta})I_{\mathrm{CBO}}$ 称为穿透电流。因 I_{CBO} 很小，在忽略其影响时，则有：

$$I_{\mathrm{C}} \approx \overline{\beta}I_{\mathrm{B}} \tag{6-5}$$

$$I_{\mathrm{E}} \approx (1+\overline{\beta})I_{\mathrm{B}} \tag{6-6}$$

（三）三极管的伏安特性曲线

三极管伏安特性曲线是描述三极管各极电流与极间电压关系的曲线，它对于了解三极管的导电特性非常有用。三极管有三个电极，通常用其中两个分别作输入、输出端，第三个作公共端，这样可以构成输入和输出两个回路。实际中，有如图 6-20 所示的三种基本接法（组态），分别称为共发射极、共集电极和共基极接法。其中，共发射极接法更具有代表性，所以我们主要讨论共发射极电路的伏安特性曲线。

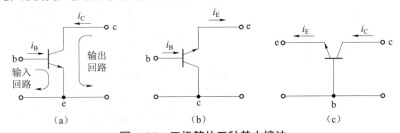

图 6-20　三极管的三种基本接法
（a）共发射极；（b）共集电极；（c）共基极

三极管特性曲线包括输入和输出两组特性曲线。这两组曲线可以在三极管特性图示仪的屏幕上直接显示出来，也可以用图 6-21 进行测量。

1. 共发射极输入特性曲线

共发射极输入特性曲线描述的是以 u_{CE} 为某一常数时，晶体管的输入电流 i_{B} 与输入电压 u_{BE} 之间的函数关系式，即：

$$i_{\mathrm{B}} = f(u_{\mathrm{BE}})\big|_{u_{\mathrm{CE}}=常数} \tag{6-7}$$

典型的共发射极输入特性曲线如图 6-22 所示。

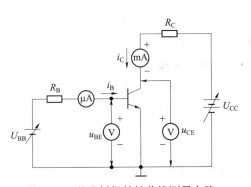

图 6-21　共发射极特性曲线测量电路

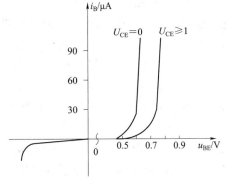

图 6-22　共发射极输入特性曲线

（1）在 $u_{CE} \geq 1\mathrm{V}$ 的条件下，当 $u_{BE} < U_{BE(on)}$ 时，$i_B \approx 0$。$U_{BE(on)}$ 为三极管的导通电压或死区电压，硅管为 0.5～0.6 V，锗管为 0.1 V。当 $u_{BE} > U_{BE(on)}$ 时，随着 u_{BE} 的增大，i_B 开始按指数规律增加，而后近似按直线上升。

（2）当 $u_{CE} = 0\mathrm{V}$ 时，三极管相当于两个并联的二极管，所以 b、e 间加正向电压时，i_B 很大，对应的曲线明显左移，如图 6-22 所示。

（3）当 u_{CE} 在 0～1 V 之间时，随着 u_{CE} 的增加，曲线右移。在 $0\mathrm{V} < u_{CE} \leq U_{CE(sat)}$ 的范围内，即工作在饱和区时，移动量会更大些。

（4）当 $u_{BE} < 0\mathrm{V}$ 时，三极管截止，i_B 为反向电流。若反向电压超过某一值时，发射结也会发生反向击穿。

2. 共发射极输出特性曲线

共发射极输出特性描述的是以 i_B 为某一常数时，晶体管的输出电流 i_C 与输出电压 u_{CE} 间的函数关系，即：

$$i_C = f(u_{CE})\big|_{i_B=\text{常数}} \tag{6-8}$$

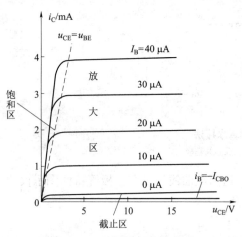

图 6-23 共射输出特性曲线

对应一个 i_B 值可画出一根曲线，因此输出特性曲线由一簇曲线构成，典型的共射输出特性曲线如图 6-23 所示。由图可见，输出特性可以划分为三个区域，对应于三种工作状态，现分别讨论如下。

（1）放大区：即图 6-23 中 $i_B > 0$ 且 $u_{CE} > u_{BE}$ 的区域，为一簇几乎和横轴平行的间隔均匀的直线。当发射结正偏，集电结反偏时管子就工作于这个区域。由图 6-23 可以看出，在放大区有以下两个特点：

① 基极电流 i_B 对集电极电流 i_C 有很强的控制作用，即 i_B 有很小的变化量 Δi_B 时，i_C 就会有很大的变化量 Δi_C。为此，用共发射极交流电流放大系数 β 来表示这种控制能力。β 定义为：

$$\beta = \frac{\Delta I_C}{\Delta I_B}\bigg|_{u_{CE}=\text{常数}} \tag{6-9}$$

反映在特性曲线上，为两条不同 i_B 曲线的间隔。

② u_{CE} 变化对 i_C 的影响很小。在特性曲线上表现为，i_B 一定而 u_{CE} 增大时，曲线略有上翘（i_C 略有增大）。这是因为 u_{CE} 增大，集电结反向电压增大，使集电结展宽，所以有效基区宽度变窄，这样基区中电子与空穴复合的机会减少，即 i_B 要减小。而要保持 i_B 不变，所以 i_C 将略有增大。这种现象称为基区宽度调制效应，或简称基调效应。从另一方面看，由于基调效应很微弱，u_{CE} 在很大范围内变化时 i_C 基本不变。因此，当 i_B 一定时，集电极电流具有恒流特性。

（2）饱和区：即图 6-23 中 $i_B > 0$ 且 $u_{CE} < u_{BE}$ 的区域，为一簇紧靠纵轴的很陡的曲线。当发射结和集电结均处于正偏时管子就工作于这个区域。这时管子不具有放大作用，$i_C \neq \beta i_B$，i_C 基本不受 i_B 控制而随 u_{CE} 的减小迅速减小。饱和时 c、e 之间的压降称为饱和压降，记为

$U_{CE(sat)}$，对于小功率 NPN 型硅管，$U_{CE(sat)} \approx 0.3\ V$。当 $u_{CE} = u_{BE}$（即集电结零偏）的情况称为临界饱和，对应点的轨迹为临界饱和线，临界饱和时仍具有放大作用。

（3）截止区：即图 6-23 中 $i_B < 0$ 的区域。当发射结零偏或反偏、集电结反偏时，管子就工作于这个区域。这时管子截止不通，$i_B \approx 0$，$i_C \approx 0$。

（四）三极管的主要参数

三极管的参数是评价三极管性能优劣和选用三极管的依据，也是设计和调试三极管电路时不可缺少的数据。因此，熟悉三极管参数的定义和物理意义是非常必要的。三极管的参数很多，其主要参数有以下几种。

1. 电流放大系数

电流放大系数反映三极管的电流放大能力，常用的是共发射极电流放大系数。前面已介绍了共发射极直流电流放大系数 $\bar{\beta}$，它为共发射极电路的输出电流 I_C 与输入电流 I_B 之比，即

$$\bar{\beta} = \frac{I_C}{I_B} \tag{6-10}$$

现在再介绍共发射极交流电流放大系数 β，它定义为共发射极电路的输出电流变化量 ΔI_C 与输入电流变化量 ΔI_B 之比，即

$$\beta = \frac{\Delta I_C}{\Delta I_B} \tag{6-11}$$

显然，$\bar{\beta}$ 和 β 的含义是不同的，但目前多数应用中，两者基本相等且为常数，因此一般可混用，在手册中，β 有时用 h_{FE} 来代表，其值通常在 20～200 之间。

2. 极间反向电流

极间反向电流有 I_{CBO} 和 I_{CEO}，它们是反映晶体管温度稳定性的重要参数。

I_{CBO} 称为集电极-基极反向饱和电流，它是发射极开路时流过集电结的反向饱和电流。

I_{CEO} 为集电极-射极反向截止电流，c、e 之间加上正偏电压时，从集电极直通到发射极的电流，称为穿透电流，可以证明 $I_{CEO} = (1 + \beta)I_{CBO}$。

I_{CBO} 和 I_{CEO} 均随温度的上升而增大，其值越小，受温度影响就越小，晶体管的温度稳定性越好，硅管的 I_{CBO} 和 I_{CEO} 远小于锗管的，因此实用中多用硅管。

3. 极限参数

（1）集电极最大允许电流 I_{CM}。

I_{CM} 一般指 β 下降到正常值的 2/3 时所对应的集电极电流。β 与 i_C 的大小有关，随着 i_C 的增大，β 值会减小。当 $i_C > I_{CM}$ 时，虽然管子不致于损坏，但 β 值已经明显减小。因此，晶体管线性运用时，i_C 不应超过 I_{CM}。

（2）集电极最大允许耗散功率 P_{CM}。

三极管的损耗功率主要为集电结功耗，通常用 P_C 表示，它将使集电结温度升高而使管子发热。P_{CM} 就是允许的最高集电结结温决定的最大集电极功耗。晶体管工作在放大状态时，集电结承受着较高的反向电压，同时流过较大的电流。因此，在集电结上要消耗一定的功率，从而导致集电结发热，结温升高。当结温过高时，管子的性能下降，甚至会烧坏管子，因此需要规定一个功耗限额。

P_{CM} 与管芯的材料、大小、散热条件及环境温度等因素有关。一个管子的 P_{CM} 如已确定，

则由 $P_{CM} = I_C \cdot U_{CE}$ 可知，P_{CM} 在输出特性上为一条 I_C 与 U_{CE} 乘积为定值 P_{CM} 的双曲线，称为 P_{CM} 功耗线，如图 6-24 所示。

（3）反向击穿电压 $U_{(BR)CBO}$、$U_{(BR)CEO}$、$U_{(BR)EBO}$。

$U_{(BR)CBO}$ 指发射极开路时，集电极-基极间的反向击穿电压。

$U_{(BR)CEO}$ 指基极开路时，集电极-发射极间的反向击穿电压。

$U_{(BR)CEO} < U_{(BR)CBO}$。

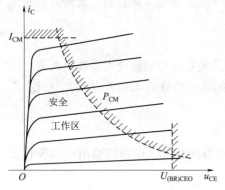

图 6-24 晶体管的安全工作区

$U_{(BR)EBO}$ 指集电极开路时，发射极-基极间的反向击穿电压。对于普通三极管该电压值比较小，只有几伏。

当三极管的工作点位于 $i_C < I_{CM}$、$u_{CE} < U_{(BR)CEO}$、$P_C < P_{CM}$ 的区域时，管子能安全工作，因此称该区域为安全工作区，如图 6-24 所示。

（五）温度对三极管特性曲线的影响

温度对三极管的 u_{BE}、I_{CBO} 和 β 有不容忽视的影响。其中，u_{BE}、I_{CBO} 随温度变化的规律与 PN 结相同，即温度每升高 1 ℃，u_{BE} 减小 2～2.5 mV；温度每升高 10 ℃，I_{CBO} 增大一倍。温度对 β 的影响表现为，β 随温度的升高而增大，变化规律是：温度每升高 1℃，β 值增大 0.5%～1%（即 $\Delta\beta / (\beta T) \approx (0.5 \sim 1)$ %/℃）。

6.3.2 基本放大电路

一、电路的组成及各部分的作用

由 NPN 型三极管构成的共发射极放大电路如图 6-25 所示，待放大的输入信号源接到放大电路的输入端，待放大的信号为交流电压信号（如音频信号，频率为 20 Hz～20 kHz）。通过电容 C_1 与放大电路相耦合，放大后的输出信号通过电容 C_2 的耦合，输送到负载 R_L。C_1、C_2 起到耦合交流的作用，称为耦合电容。为了使交流信号顺利通过，要求它们在输入信号频率范围内的容抗很小，因此，它们的容量均取得较大，在低频放大电路中，常采用有极性的电解电容，这样，对于交流信号 C_1、C_2 可视为短路。为了不使信号源及负载对放大电路直流工作点产生影响，则要求

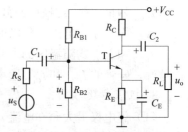

图 6-25 共发射极交流放大电路

C_1、C_2 的漏电流应很小，即 C_1、C_2 还具有隔断直流的作用，所以，C_1、C_2 也可称为隔直流电容器。电路中各元件作用如下：

（1）集电极电源 V_{CC} 是放大电路的能源，为输出信号提供能量，并保证发射结处于正向偏置、集电结处于反向偏置，使三极管工作在放大区。V_{CC} 取值一般为几伏到几十伏。

（2）三极管 T 是放大电路的核心元件。利用三极管在放大区的电流控制作用，即 $i_c = \beta i_b$ 的电流放大作用，将微弱的电信号进行放大。

（3）集电极电阻 R_C 是三极管的集电极负载电阻，它将集电极电流的变化转换为电压的变化，实现电路的电压放大作用。R_C 一般为几千欧到几十千欧。

（4）基极电阻 R_B 以保证工作在放大状态。改变 R_B 使三极管有合适的静态工作点。R_B 一

般取几十千欧到几百千欧。

（5）耦合电容 C_1、C_2 起隔直流通交流的作用。在信号频率范围内，认为容抗近似为零。所以分析电路时，在直流通路中电容视为开路，在交流通路中电容视为短路。C_1、C_2 一般为十几微法到几十微法的有极性的电解电容。

二、放大电路的静态工作分析

放大电路未接入 u_i 前称静态，由于静态时电路中只有直流量，因此静态又称直流工作状态，静态分析又叫直流分析。静态时，电路中的电压、电流称为静态电压、静态电流，管子的工作点称为静态工作点。静态分析就是确定静态值，即直流电量，由电路中的 I_B、I_C 和 U_{CE} 一组数据来表示。这组数据是三极管输入、输出特性曲线上的某个工作点，习惯上称为静态工作点，用 Q（U_{BEQ}、I_{BQ}、I_{CQ}、U_{CEQ}）表示。

1. 由放大电路的直流通路确定静态工作点

将图 6-25 中耦合电容 C_1、C_2 视为开路，画出如图 6-26（a）所示的共发射极放大电路的直流通路，可将它改画成图 6-26（b）所示。由图可见，三极管的基极偏置电压是由直流电源 V_{CC} 经过 R_{B1}、R_{B2} 的分压而获得，所以，图 6-26（a）所示电路又称为"分压偏置式工作点稳定直流通路"。根据直流通路我们便可求出放大电路的静态工作点（U_{BEQ}、I_{BQ}、I_{CQ}、U_{CEQ}）。

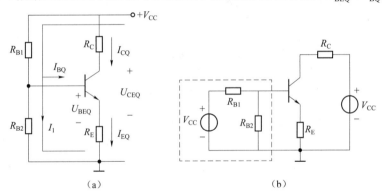

图 6-26 共发射极放大电路的直流通路
（a）直流通路；（b）直流通路的等效电路

2. 工程近似法求解

当流过 R_{B1}、R_{B2} 的直流电流 I 远大于基极电流 I_{BQ} 时，可得到三极管基极直流电压 U_{BQ} 为：

$$U_{BQ} = \frac{V_{CC} \cdot R_{B2}}{R_{B1} + R_{B2}} \qquad (6-12)$$

$$I_{EQ} = \frac{V_{BQ} - U_{BEQ}}{R_E} \qquad (6-13)$$

由于 $V_{EQ} = V_{BQ} - U_{BEQ}$，则

$$I_{CQ} = I_{EQ}, \quad I_{BQ} = I_{EQ} / \beta \qquad (6-14)$$

三极管 c、e 之间的直流压降为

$$U_{CEQ} = V_{CC} - I_{CQ}(R_C + R_E) \qquad (6-15)$$

式（6-12）～式（6-15）为放大电路静态工作点电流、电压的近似计算公式。由于三极管

的 β、I_{CBO}、I_{CEO} 和 U_{BE} 等参数与工作温度有关，当温度升高时，β、I_{CBO}、I_{CEO} 增大，而管压降 U_{BE} 下降。这些变化都将引起放大电路静态工作电流 I_{CQ} 的增大；反之，若温度下降，I_{CQ} 将减小。由此可见，放大电路的静态工作点会随工作温度的变化而漂移，这不但影响放大倍数等性能，严重时还会造成输出波形的失真，甚至使放大电路无法正常工作。分压式偏置电路可以较好地解决这一问题。

三、放大电路的动态工作分析

有信号输入时电路工作状态的变化称为动态，动态分析又称为交流分析。

（一）三极管的微变等效电路

所谓三极管的微变等效电路，就是三极管在小信号（微变量）的情况下工作在特性曲线直线段时，将三极管（非线性元件）用一个线性电路代替。

由三极管的输入特性曲线可知，在小信号作用下的静态工作点 Q 工作范围内的曲线可视为直线，其斜率不变。两变量的比值称为三极管的输入电阻，即

$$r_{be} = \frac{\Delta U_{BE}}{\Delta I_B}\bigg|_{U_{CE}=常数} = \frac{u_{be}}{i_b} \tag{6-16}$$

式（6-16）表示三极管的输入回路可用管子的输入电阻 r_{be} 来等效代替，其等效电路如图6-27（b）所示。根据半导体理论及文献资料，工程中低频小信号下的 r_{be} 可用下式估算：

$$r_{be} = 300 + (1+\beta)\frac{26(mV)}{I_{EQ}(mA)} \tag{6-17}$$

小信号低频下工作时的三极管的 r_{be} 一般为几百到几千欧。

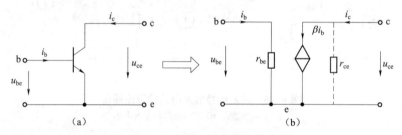

图6-27 三极管及其微变等效电路

$$\Delta I_C = \beta\Delta I_B \ 及 \ i_c = \beta i_b \tag{6-18}$$

实际三极管的输出特性并非与横轴绝对平行。当 I_B 为常数时，ΔU_{CE} 变化会引起 ΔI_C 变化，这个线性关系就是三极管的输出电阻 r_{ce}，即

$$r_{ce} = \frac{\Delta U_{CE}}{\Delta I'_C}\bigg|_{I_B=常数} = \frac{u_{ce}}{i_c} \tag{6-19}$$

r_{ce} 与受控恒流源 βi_b 并联。由于输出特性近似为水平线，故 r_{ce} 高达几十千欧到几百千欧，在微变等效电路中可视为开路而不予考虑。

（二）放大电路的动态分析

图6-25所示电路中，由于 C_1、C_2、C_E 的容量均较大，对交流信号可视为短路，直流电源 V_{CC} 的内阻很小，对交流信号可视为短路，这样便可以得到图6-28（a）所示的交流通路。

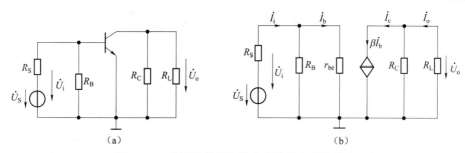

图 6-28　典型共发射极放大电路的交流小信号

（a）交流通路；（b）小信号等效电路

1. 电压放大倍数 A_u

电压放大倍数是小信号电压放大电路的主要技术指标。设输入为正弦信号，图 6-28（b）中的电压和电流都可用相量表示。

由图 6-28（b）可列出

$$\dot{U}_o = -\beta \dot{I}_b \cdot (R_C // R_L)$$
$$\dot{U}_i = \dot{I}_b r_{be}$$

（6-20）

$$A_u = \frac{\dot{U}_o}{\dot{U}_i} = \frac{-\beta \dot{I}_b (R_C // R_L)}{\dot{I}_b r_{be}} = -\beta \frac{R'_L}{r_{be}}$$

（6-21）

式中，$R'_L = R_C // R_L$；A_u 为复数，它反映了输出与输入电压之间大小和相位的关系。式（6-21）中的负号表示共射放大电路的输出电压与输入电压的相位反相。

2. 放大电路的输入电阻 r_i

一个放大电路的输入端总是与信号源（或前一级放大电路）相连的，其输出端总是与负载（或后一级放大电路）相接的。因此，放大电路与信号源和负载之间（或前级放大电路与后级放大电路），都是互相联系，互相影响的。图 6-29 表示它们之间的联系。

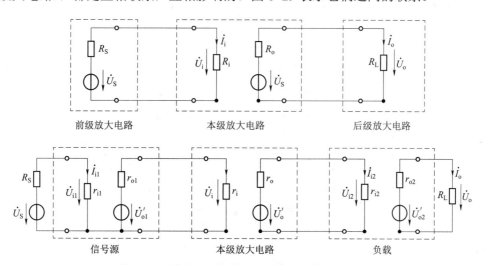

图 6-29　放大电路与信号源及前后级电路的联系

输入电阻 r_i 也是放大电路的一个主要的性能指标。

放大电路是信号源（或前一级放大电路）的负载，其输入端的等效电阻就是信号源（或前一级放大电路）的负载电阻，也就是放大电路的输入电阻r_i。其定义为输入电压与输入电流之比。即：

$$r_i = \frac{\dot{U}_i}{\dot{I}_i} = R_B // r_{be} \approx r_{be} \qquad (6\text{-}22)$$

3. 输出电阻r_o

放大电路是负载（或后级放大电路）的等效信号源，其等效内阻就是放大电路的输出电阻r_o，它是放大电路的性能参数。它的大小影响本级和后级的工作情况。放大电路的输出电阻r_o，即从放大电路输出端看进去的戴维宁等效电路的等效内阻，实际中我们采用如下方法计算输出电阻：

将输入信号源短路，但保留信号源内阻，在输出端加一信号$\dot{U}_o'$，以产生一个电流$\dot{I}_o'$，则放大电路的输出电阻为

$$r_o = \frac{\dot{U}_o'}{\dot{I}_o'}\bigg|_{U_s=0} \qquad (6\text{-}23)$$

例6.1　图6-25所示的共射放大电路，已知V_{CC}=12 V，R_B=300 kΩ，$R_C=R_E$=2 kΩ，R_L=2 kΩ，R_{B1}=20 kΩ，R_{B2}=10 kΩ，三极管的β=40。求：（1）静态工作点；（2）电压放大倍数；（3）输入电阻和输出电阻。

解：画出直流通路、交流通路及其微变等效电路如图6-30所示。

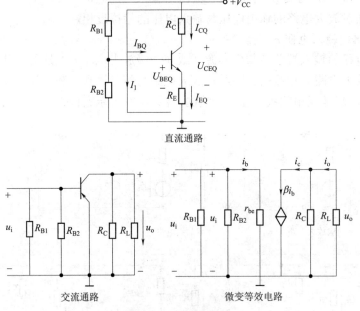

图6-30　例6.1的图

（1）估算静态工作点。

$$I_{EQ} \approx \frac{V_B}{R_E} \approx \frac{R_{B2}V_{CC}}{(R_{B1}+R_{B2})R_E}$$

$$= \frac{10 \times 12}{(10+20) \times 2} = 2 \text{ (mA)}$$

$$I_{CQ} \approx I_{EQ} = 2\,(\text{mA})$$

$$I_{BQ} = \frac{I_{CQ}}{\beta} = \frac{2}{40} = 0.05\,(\text{mA})$$

$$U_{CEQ} \approx V_{CC} - I_{CQ}(R_C + R_E) = 12 - 2 \times (2 + 2) = 4\,(\text{V})$$

（2）计算电压放大倍数，输入、输出电阻。

$$r_{be} = 300 + \frac{26}{I_{BQ}} = 300 + \frac{26}{0.05} = 820\,(\Omega)$$

$$r_i = R_{B1} // R_{B2} // r_{be} \approx r_{be} = 820(\Omega) \qquad r_o = R_C = 2\,(\text{k}\Omega)$$

$$R'_L = R_C // R_L$$

$$= \frac{2 \times 2}{2 + 2}$$

$$= 1\,(\text{k}\Omega)$$

$$A_u = -\beta \frac{R'_L}{r_{be}}$$

$$= -40 \times \frac{1 \times 10^3}{820}$$

$$\approx -49$$

四、多级放大电路

小信号放大电路的输入信号一般为毫伏甚至微伏量级，功率在 1 毫瓦以下。为了推动负载工作，输入信号必须经多级放大后，使其在输出端能获得一定幅度的电压和足够的功率。

（一）多级放大电路的组成及各部分的作用

多级放大电路通常包括输入级、中间级、推动级和输出级几个部分。多级放大电路的框图如图 6-31 所示。

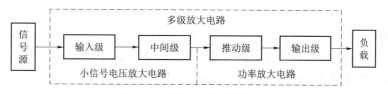

图 6-31 多级放大电路框图

多级放大电路的第一级称为输入级，对输入级的要求往往与输入信号有关。中间级的用途是进行信号放大，提供足够大的放大倍数，常由几级放大电路组成。多级放大电路的最后一级是输出级，它与负载相接。因此对输出级的要求要考虑负载的性质。推动级的用途就是实现小信号到大信号的缓冲和转换。

（二）耦合方式

耦合方式是指信号源和放大器之间，放大器中各级之间，放大器与负载之间的连接方式。最常用的耦合方式有三种：阻容耦合、直接耦合和变压器耦合。阻容耦合应用于分立元件多级交流放大电路中。放大缓慢变化的信号或直流信号则采用直接耦合的方式，变压器耦合在

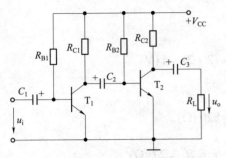

图 6-32 阻容耦合两级放大电路

放大电路中的应用逐渐减少。本书只讨论前两种级间耦合方式。

1. 阻容耦合放大电路

图 6-32 是两级阻容耦合共射放大电路。两级间的连接通过电容 C_2 将前级的输出电压加在后级的输入电阻上（即前级的负载电阻），故称为阻容耦合放大电路。

由于电容有隔直作用，因此两级放大电路的直流通路互不相通，即每一级的静态工作点各自独立。耦合电容的选择应使信号频率在中频段时容抗视为零。多级放大电路的静态和动态分析与单级放大电路时一样。两级放大电路的微变等效电路如图 6-33 所示。

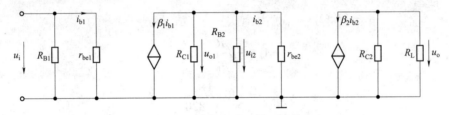

图 6-33 两级阻容耦合放大电路的微变等效电路

多级放大电路的电压放大倍数为各级电压放大倍数的乘积。计算各级电压放大倍数时必须考虑到后级的输入电阻对前级的负载效应，因为后级的输入电阻就是前级放大电路的负载电阻，若不计其负载效应，各级的放大倍数仅是空载的放大倍数，它与实际耦合电路不符，这样得出的总电压放大倍数是错误的。耦合电容的存在，使阻容耦合放大电路的通频带只能放大交流信号。低频信号作用于电路时，耦合电容呈现很大电抗，信号在耦合电容上压降很大，致使电压放大倍数下降，甚至根本不能放大。因此阻容耦合放大电路的低频特性差，不能放大变化缓慢的信号。而且，由于集成芯片中不能制作大容量电容，所以阻容耦合放大电路不能集成化，只能用于分立元件电路。

2. 直接耦合放大电路

放大器各级之间，放大器与信号源或负载直接连起来，或者经电阻等能通过直流的元件连接起来，称为直接耦合方式。直接耦合方式不但能放大交流信号，而且能放大变化极其缓慢的超低频信号以及直流信号。现代集成放大电路都采用直接耦合方式，这种耦合方式得到越来越广泛的应用。

然而，直接耦合方式有其特殊的问题，其中主要是前、后级静态工作点互相牵制与零点漂移两个问题。

（1）前、后级静态工作点的相互影响。

从图 6-34 中可看出，三极管 T_1 处于临界饱和状态；另外，第一级的集电极电阻也是第二级的基极偏置电阻，因阻值偏小，必定使 I_{B2} 过大，使 T_2 处于饱和状态，电路无法正常工作。为了克服这个缺点，通常采用抬高 T_2 管发射极电位的方法。

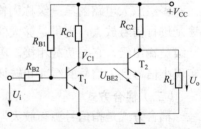

图 6-34 直接耦合两级放大电路

有两种常用的改进方案，分别如图 6-35 所示。

图 6-35（a）是利用 R_{E2} 的压降来提高 T_2 管发射极电位，提高 T_1 管的集电极电位，增大了 T_1 管的输出幅度，以及减小电流 I_{B2}。但 R_{E2} 的接入使第二级电路的电压放大倍数大为降低，R_{E2} 越大，R_{E2} 上的信号压降越大，电压放大倍数降低得越多，因此要进一步改进电路。

图 6-35（b）是用稳压管 D_Z（也可以用二极管 D）的端电压 U_Z 来提高 T_2 管的发射极电位，起到 R_{E2} 的作用。但对信号而言，稳压管（或二极管）的动态电阻都比较小，信号电流在动态电阻上产生的压降也小，因此不会引起放大倍数的明显下降。

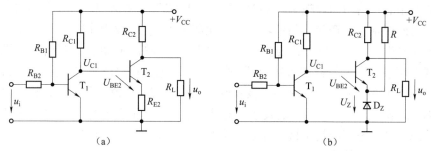

图 6-35 提高后级发射极电位的直接耦合电路
（a）后级发射极接电阻；（b）后级发射极接稳压管

（2）零点漂移。

在直接耦合放大电路中，前后级之间的直流电位相互影响，使多级放大电路各级静态工作点不能独立，设置起来也比较困难。当某一级静态工作点发生变化时，也会影响后一级的工作状态。当工作温度或电源电压等外界因素发生变化时，直接耦合放大电路中各级静态工作点也随即发生变化，这种变化称为工作点漂移。例如，第一级工作点漂移将会随信号传送至后级，并被逐渐放大。由此，即使输入信号为零，输出电压也会偏离原来的初始值而上下波动，这个现象我们称之为零点漂移。零点漂移会引起有用信号的失真，严重时有用信号将被零点漂移所"淹没"，我们将无法辨认是信号电压还是漂移电压。在引起工作点漂移的外界因素中，工作温度的变化引起的漂移最严重，称之为温度漂移，简称温漂。这是由于晶体管的放大倍数、集电极–基级反向饱和电流、发射结电压等参数都随温度的变化而发生变化，以此引起工作点变化。一般采用差分放大电路可以有效抑制零点漂移。

6.4 实践知识——如何使用万用表进行元器件的检测

6.4.1 元器件的识别

元器件的识别内容参见《电工电子技术实训指导书》。

6.4.2 元器件的检测

一、实训目的
（1）熟悉基本电子元器件（电阻、二极管、三极管）的外形、管脚极性。
（2）学会用万用表测试基本元器件的好坏。
（3）学会用万用表判别晶体二极管和各类三极管的类型和管脚的方法。

二、实训原理

1. 晶体二极管

晶体二极管（以下简称二极管）是内部具有一个 PN 结，外部具有两个电极的一种半导体器件。对二极管进行检测，主要是鉴别它的正、负极性及其单向导电性能。通常其正向电阻小，约为几百欧，反向电阻大，约为几十千欧至几百千欧。

（1）二极管极性的判别。

根据二极管正向电阻小、反向电阻大的特点可判别二极管的极性。

指针式万用表：将万用表拨到 "$R \times 100$" 或 "$R \times 1K$" 的欧姆挡，表棒分别与二极管的两极相连，测出两个阻值，在测得阻值较小的一次测量中，与黑表棒相接的一端就是二极管的正极。同理在测得阻值较大的一次测量中，与黑表棒相接的一端就是二极管的负极。

数字式万用表：红表笔插在 "V·Ω" 插孔，黑表笔插在 "COM" 插孔。将万用表拨到二极管挡测量，用两支表笔分别接触二极管两个电极，若显示值为几百欧，说明管子处于正向导通状态，红表笔接的是正极，黑表笔接的是负极；若显示溢出符号 "1"，表明管子处于反向截止状态，黑表笔接的是正极，红表笔接的是负极。

（2）二极管质量的检测。

用数字式万用表测量二极管。先将万用表的两表笔分别接在被测二极管的两极上检测一次，然后交换两表笔位置再测一次。若两次测量阻值为一大（$1 \sim 10$ kΩ 以上）一小（$8 \sim 10$ Ω），则该二极管良好；若两次测量电阻值均为 ∞ 则该二极管断路；若两次测量电阻值均为零，则该二极管短路；如果双向电阻值都较小，说明二极管质量差，不能使用。

2. 晶体三极管

三极管的结构可以看成是两个背靠背的 PN 结，如图 6-36 所示。对 NPN 管来说，基极是两个 PN 结的公共阳极，对 PNP 管来说，基极是两个 PN 结的公共阴极。

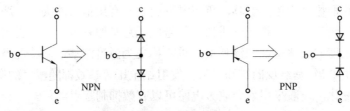

图 6-36 晶体三极管结构示意图

（1）三极管基极与管型的判别。

将万用表欧姆挡拨到 "$R \times 1K$" 挡，用黑表笔接三极管的某一极，再用红表笔分别去接触另外两个电极。若测得一个阻值大，一个阻值小，就将黑表笔换接一个电极再测，直到出现测得的两个阻值都很小（或都很大）；然后将红、黑表笔调换，重复上述测试，若阻值恰好相反，都很大（或很小），这时红表笔所接电极，就是三极管的基极，而且是 NPN 型管（或 PNP 型管）。

（2）三极管发射极和集电极的判别。

方法一：如果被测管子为 NPN 型锗管。用万用表 "$R \times 1K$" 挡测除基极以外的另两个电极，得到一个阻值，再将红、黑表笔对调测一次，又得到一个阻值；在阻值较小的那一次中，红表笔所接电极就是发射极，黑表笔接的就是集电极。若为 PNP 型锗管，红表笔接的电极为集电极，黑表笔接的电极为发射极。对于 NPN 型硅管，可在基极与黑表笔之间接一个 100 kΩ 的电阻，用上述同样方法，测除基极外的两个电极间的电阻，其中阻值较小的一次黑表笔所接为集电极，红表笔所接为发射极。

　　方法二：如图 6–37 所示，在判别出三极管的基极后，再将三极管基极与 100 kΩ 电阻串接，电阻另一端与三极管的一极相接，将万用表的红表笔接三极管与电阻相连的一极，万用表的黑表笔接三极管剩下的一极，读取电阻值，再将三极管的两极（c、e 极）对调，再读取一组电阻值，阻值小的那一次与数字式万用表红表笔相连的极为集电极（NPN）或发射极（PNP）。

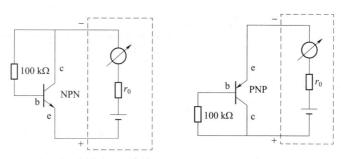

图 6–37　晶体三极管集电极 c、发射极 e 的判别

　　（3）用万用表粗测晶体三极管的性能。

　　① 晶体三极管极间电阻的测量。

　　通过测量三极管极间电阻的大小，可判断管子质量的优劣。测量时，要注意量程的选择。测量小功率管时，应当用"$R×1K$"或"$R×100$"挡。测量大功率锗管时，则要用"$R×10$"或"$R×1$"挡。对于质量良好的中、小功率三极管，基极与集电极、基极与发射极正向电阻一般为几百欧到几千欧，其余的极间电阻都很高，约为几百千欧。硅管要比锗管的极间电阻高。

　　② 晶体三极管穿透电流的估测。

　　对于 PNP 管，红表笔接集电极，黑表笔接发射极，用"$R×1K$"挡测的阻值应在 50 kΩ 以上，此值越大，说明管子的穿透电流越小，管子性能优良；若阻值小于 25 kΩ，则管子不宜选用。对于 NPN 管，应将红、黑表笔对调测其电阻，阻值应比 PNP 管大很多，一般应在几百千欧。

　　③ 电流放大系数 β 值的估测。

　　估测电流放大系数 β 值时，将万用表拨到"$R×1K$"挡。对于 NPN 型管，红表笔接发射极，黑表笔接集电极，测出两极之间电阻，记下阻值，然后在基极与集电极之间接入一个 100 kΩ 的电阻，此时的阻值比不接电阻时要小。两次测得的电阻值相差越大，则说明 β 值越大，放大能力越好；若差值很小，说明管子的放大能力很小。对于 PNP 三极管，测量时只要将红、黑表笔对调即可，其他方法完全一样。

　　三、实训内容与步骤

　　（1）用万用表测量面板上不同电阻阻值的大小，学习使用数字式万用表测量电阻的方法。

　　（2）用万用表测量二极管。

　　用万用表分别测量二极管 1N4007、1N4148 和 2DW231 的正反向电阻，并记录于表 6–1 中。

表 6–1　数据记录表（1）

二极管型号	1N4007	1N4148	2DW231
正向电阻			
反向电阻			

（3）用万用表测量三极管。

根据判别三极管极性的方法，按表 6–2 的要求测量 3DG12 与 3CG12 三极管，并记录数据。

表 6–2　数据记录表（2）

三极管型号	3DG12	3CG12
一脚对另两脚电阻都大时阻值		
一脚对另两脚电阻都小时阻值		
基极连 100 kΩ 电阻时 c–e 间阻值		
基极连 100 kΩ 电阻时 e–c 间阻值		

（4）根据测得的电阻值来判断管子的好坏。

四、实训注意事项

实训前根据实训要求，选择所需实训挂箱。

放置挂箱时，要按照要求轻拿轻放，以免损坏器件。

实训结束后，要按照要求整理实训台，实训导线和实训挂箱要放到指定位置。

五、实训总结

总结电阻阻值的测量方法，以及晶体二极管和三极管极性的判别方法。

6.5　项目实施

一、分组

将学生进行分组，通常 3～5 人一组，选出小组负责人，下达任务。

二、讲解项目原理及具体要求

（1）弄清楚助听器的结构：话筒、放大器、耳机、耳膜（耳塞）电源。

（2）读懂助听器原理图。

（3）对简易助听器进行焊接安装和调试。

（4）演练触电急救方法。

三、学生具体实施

学生根据项目内容，分组讨论，查阅资料，观看相关视频，在以上过程中，教师要起主导作用，实时指导，并控制项目实施节奏，保证在规定课时内完成该项目。

四、学生展示

学生可以以电子版 PPT 或图片的形式对本组的讨论结果进行展示。

五、评价

项目评价以自评和互评的形式展开，填写项目自评互评表，教师整体对该项目进行总结，对好的进行表扬，差的指出不足。

在项目具体实施过程中，所需项目方案实施计划单、材料工具清单、项目检查单和项目评价单见书后附录 A、B、C、D。

6.6 习题及拓展训练

一、填空题

1. 半导体中有_____和_____两种载流子参与导电。

2. 本征半导体中掺入正三价的硼，形成_____半导体，其中_____是多数载流子；_____若掺入正五价的磷，形成_____型半导体，在其中_____是多数载流子。

3. PN 结最重要的特性是_____，它是一切半导体器件的基础。

4. 晶体三极管在放大状态下，其集电极电流 I_C 与基极电流 I_B 的关系式为_____。

5. 稳压二极管主要工作在_____区。在稳压时一定要在电路中加入限流电阻。

6. 光电二极管在电路中要_____连接才能正常工作。

7. 半导体三极管按结构可分为_____型和_____型两类。

8. 晶体三极管具有电流放大作用的外部条件是_____、_____。

9. 当温度升高时、晶体三极管的参数 β _____，导通电压_____。

10. 当三极管被接成共射极放大电路时，从输出特性可划分为三个工作区域，即_____区、_____区和_____区。

11. 放大电路的输入电压为 U_i=10 mV，输出电压 U_o=1 V，该放大电路的电压放大倍数为_____，电压增益为_____。

二、选择题

1. N 型半导体中多数载流子是（   ）；P 型半导体中多数载流子是（   ）。
A. 自由电子   B. 空穴

2. 在掺杂半导体中，多子的浓度主要取决于（   ），而少子的浓度则受（   ）的影响很大。
A. 温度   B. 掺杂浓度   C. 掺杂工艺   D. 晶体缺陷

3. PN 结中扩散电流方向是（   ）；漂移电流方向是（   ）。
A. 从 P 区到 N 区   B. 从 N 区到 P 区

4. 当 PN 结未加外部电压时，扩散电流（   ）漂移电流。
A. 大于   B. 小于   C. 等于

5. 当 PN 结外加正向电压时，扩散电流（   ）漂移电流，耗尽层（   ）；当 PN 结外加反向电压时，扩散电流（   ）漂移电流，耗尽层（   ）。
A. 大于   B. 小于   C. 等于   D. 变宽
E. 变窄   F. 不变

6. 二极管的正向电阻（   ），反向电阻（   ）。

A. 大   B. 小

7. 当温度升高时，二极管的正向电压（   ），反向电流（   ）。

A. 增大   B. 减小   C. 基本不变

8. 稳压管的稳压区是其工作在（   ）状态。

A. 正向导通   B. 反向截止   C. 反向击穿

9. 如果在 NPN 型三极管放大电路中测得发射结为正向偏置，集电结也为正向偏置，则此管的工作状态为 （   ）

A. 放大状态   B. 饱和状态   C. 截止状态   D. 不能确定

10. 在一个放大电路中，测得某三极管各极对地的电位为 $U_1=3\ V$，$U_2=-3\ V$，$U_3=-2.7\ V$，则可知该管为（   ）。

A. PNP 锗管   B. NPN 硅管   C. NPN 锗管   D. PNP 硅管

11. 已知某三极管的三个电极电位为 6 V、2.7 V、2 V，则可判断该三极管的类型及工作状态为（   ）。

A. NPN 型，放大状态   B. PNP 型，截止状态

C. NPN 型，饱和状态   D. PNP 型，放大状态

12. 已知某三极管处于放大状态，测得其三个极的电位分别为 6 V、9 V 和 6.3 V，则 6 V 所对应的电极为（   ）。

A. 发射极   B. 集电极   C. 基极

13. 测得三极管三个电极的静态电流分别为 0.06 mA、3.66 mA 和 3.6 mA。则该管的 β 为（   ）。

A. 70   B. 40   C. 50   D. 60

14. 两个硅稳压管，$U_{Z1}=6\ V$，$U_{Z2}=9\ V$，正向导通电压为 0.7 V，下面哪个不是两者串联时可能得到的稳压值？（   ）

A. 15 V   B. 6.7 V   C. 9.7 V   D. 3 V

三、判断题

1. 半导体中的空穴是带正电的离子。（   ）

2. 温度升高后，本征半导体内自由电子和空穴数目都增多，且增量相等。（   ）

3. 因为 P 型半导体的多子是空穴，所以它带正电。（   ）

4. 在 N 型半导体中如果掺入足够量的三价元素，可将其改型为 P 型半导体。（   ）

5. PN 结的单向导电性只有在外加电压时才能体现出来。（   ）

6. 放大电路的输出电阻只与放大电路的负载有关，而与输入信号源内阻无关。（   ）

7. 共发射极放大电路由于输出电压与输入电压反相，输入电阻不是很大而且输出电阻又较大，故很少应用。（   ）

四、分析计算题

1. 有 A、B、C 三个二极管，测得它们的反向电流分别是 2 μA、0.5 μA、5 μA；在外加相同的正向电压时，电流分别为 10 mA、30 mA、15 mA。比较而言，哪个管子的性能最好？

2. 试求图 6–38 所示各电路的输出电压值 U_O，设二极管的性能理想。

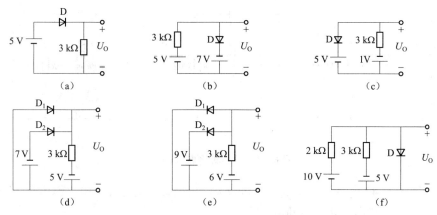

图 6-38　分析计算题 2 的图

3. 在图 6-39 所示电路中，已知输入电压 $u_i = 5\sin\omega t$ V，设二极管的导通电压为 0.7 V。分别画出它们的输出电压波形和传输特性曲线 $u_o = f(u_i)$。

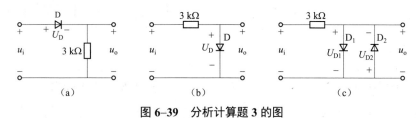

图 6-39　分析计算题 3 的图

4. 有两个硅稳压管，D_{Z1}、D_{Z2} 的稳定电压分别为 6 V 和 8 V，正向导通电压为 0.7 V，稳定电流是 5 mA。求图 6-40 中各个电路的输出电压 U_O。

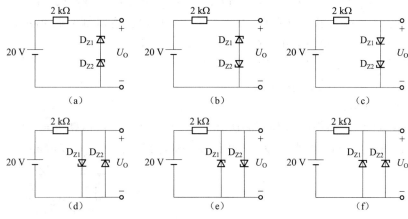

图 6-40　分析计算题 4 的图

5. 二极管电路如图 6-41 所示，试判断各图中的二极管是导通还是截止，并求出 AB 两端电压 U_{AB}，设二极管是理想的。

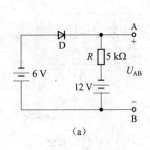 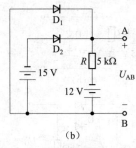 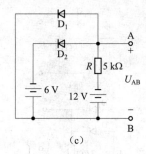

(a)　　　　　　　　　(b)　　　　　　　　　(c)

图 6-41　分析计算题 5 的图

6. 电路如图 6-42 所示，已知 $u_i = 5\sin\omega t$ V，二极管导通电压为 0.7 V。试画出电路的传输特性及 u_i 与 u_o 的波形，并标出幅值。

7. 判断图 6-43 各三极管的工作状态。

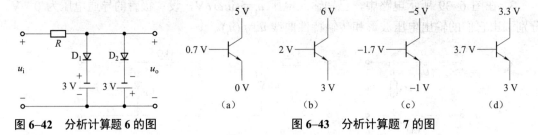

图 6-42　分析计算题 6 的图　　　　　图 6-43　分析计算题 7 的图

8. 测得工作在放大电路中几个晶体三极管三个电极电位 V_1、V_2、V_3 分别为下列各组数值，判断它们是 NPN 型还是 PNP 型？是硅管还是锗管？确定 e、b、c 极。

（1）$V_1 = 3.5$ V，$V_2 = 2.8$ V，$V_3 = 12$ V；　（2）$V_1 = 3$ V，$V_2 = 2.8$ V，$V_3 = 12$ V；

（3）$V_1 = 6$ V，$V_2 = 11.3$ V，$V_3 = 12$ V；　（4）$V_1 = 6$ V，$V_2 = 11.8$ V，$V_3 = 12$ V。

9. 用万用表测得放大电路中某个三极管两个电极的电流值如图 6-44 所示。

（1）求另一个电极的电流大小，在图上标出实际方向。

（2）判断是 PNP 型还是 NPN 型管。

（3）在图上标出管子的 e、b、c 极。

（4）估算管子的 β 值。

10. 在图 6-45 所示电路中，晶体管的 $\beta = 100$，$R_C = 3.2$ kΩ，$R_B = 320$ kΩ，$R_S = 38$ kΩ，$R_L = 6.8$ kΩ，$V_{CC} = 15$ V。（1）估算静态工作点；（2）画出微变等效电路，计算 A_u、r_i 和 r_o；

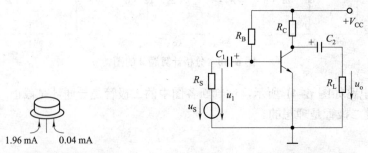

1.96 mA　　0.04 mA

图 6-44　分析计算题 9 的图　　　　　图 6-45　分析计算题 10 的图

11. 图 6-46 所示的分压式偏置电路中，已知 $V_{CC} = 24$ V，$R_{B1} = 33$ kΩ，$R_{B2} = 10$ kΩ，$R_E = 1.5$ kΩ，

R_C=3.3 kΩ，R_L=5.1 kΩ，β=66，硅管。试求：（1）静态工作点；（2）画出微变等效电路，计算电路的电压放大倍数、输入电阻、输出电阻；（3）放大电路输出端开路时的电压放大倍数，并说明负载电阻 R_L 对电压放大倍数的影响。

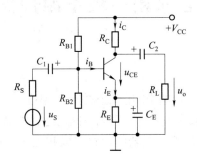

图 6-46　分析计算题 11 的图

项目七　电冰箱冷藏室温控器的安装与调试

冰箱温控器是一种用于给一定的空间区域内空气的温度、湿度、洁净度和空气气流等参数进行自动调节，以此来满足储藏室或者一定密闭空间内适宜物品仓储的环境温度需求。本项目主要介绍小型化的家用电冰箱温度控制器的电路组成和工作原理。

7.1　项　目　目　标

知识目标

理解负反馈的概念，掌握反馈类型的判别方法；熟悉负反馈的各种类型及对放大电路性能指标的影响；了解理想集成运算放大器的组成、特点及传输特性；熟悉集成运算放大器的线性和非线性应用；掌握冰箱温度控制器的原理与制作。

能力目标

掌握典型集成电路的安装和使用方法。

情感目标

培养学生的实际动手能力和团队合作意识。

7.2　工　作　情　境

通过学习本项目，学生学会使用仪器仪表来检测元器件，学会对冰箱温度控制器电路中的故障现象进行分析查找并解决问题，之后掌握装配冰箱温度控制器，调试温度参数并最终达到使用要求。

7.3　理　论　知　识

7.3.1　负反馈放大器

在现代电子技术中反馈得到了广泛的应用，在各种的电子设备中反馈被经常使用，以此来改善电路的性能，达到实际工作中的技术要求。凡是在电路的稳定性、电路的精度方面有较高要求的放大电路，都应用了负反馈电路。负反馈不仅是改善放大电路性能的重要手段，也是电子技术和自动调节原理中的一个基本概念。

将放大器的输出信号（电压或电流）的一部分或全部通过某种电路（称为反馈网络）引回到输入端，与原来的输入信号（电压或电流）共同作用于放大器，这种作用过程称作反馈。具有反馈电路的放大器称为反馈放大器。

反馈有正、负之分，在放大电路中主要引入负反馈，它能使放大电路的性能得到显著改善，所以负反馈放大电路得到较为广泛的应用。

一、反馈的基本原理

（一）正反馈和负反馈

根据反馈的状况，考虑其结果完全不同的两种情况。如图7-1（a）所示，反馈的电压或电流信号对原来输入信号起到增强作用，就称为正反馈，把这样的电路称为正反馈放大电路。反之，如图7-1（b）所示，反馈的电压或电流信号若是对输入信号起到减弱作用的，就称为负反馈，把这样的放大电路就称为负反馈放大电路。现在一般在振荡电路中应用正反馈，在放大电路中应用负反馈。

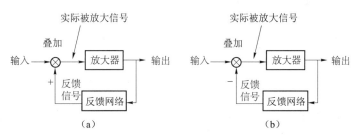

图7-1　反馈方框图

（a）取"+"加强输入信号，正反馈；（b）取"−"削弱输入信号，负反馈

（二）反馈放大电路的组成

含有反馈网络的放大电路称为反馈放大电路，其组成如图7-2所示。图中 A 称为基本放大电路，F 为反馈回路，反馈回路一般由线性元件组成。由图可见反馈放大电路由基本放大电路和反馈回路组成一个闭环系统，因此又把它称为闭环放大电路，而把基本放大电路称为开环放大电路。X_i、X_f、X_{id} 和 X_o 分别表示输入信号、反馈信号、净输入信号和输出信号，它们可以是电压也可以是电流。图中箭头表示信号传输方向，其中由输入端到输出端称为正向传输，由输出端到输入端则称为反向传输。在实际电路中，输出信号 X_o 经由基本放大电路的内部反

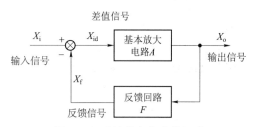

图7-2　反馈放大电路的组成

馈产生的反向传输作用很微弱，在此可以略去，所以可认为基本放大电路只能将净输入信号 X_{id} 正向传输到输出端。同样，在实际反馈放大电路中，输入信号 X_i 通过反馈网络产生的正向传输作用也很微弱，也可以忽略。这样也可以认为反馈网络中只能将输出信号 X_o 反向传输到输入端。

（三）反馈电路中的信号关系

（1）基本放大电路的放大倍数（开环增益）为 $A = X_o / X_{id}$。

（2）反馈系数：$F = X_f / X_o$ 表明反馈量中包含多少输出量，所以 $|F| \leqslant 1$，当 $|F| = 1$ 时称

为全反馈。

（3）反馈放大电路的放大倍数（闭环增益）：

$$A_f = X_o / X_i = A / (1 + AF)$$

式中，$1 + AF$ 称为反馈深度，而 AF 称为环路增益，当 $|AF| \gg 1$ 时，则有 $A_f \approx 1/F$。由此可见 A_f 与 A 无关，仅与无源网络的元件值有关，其稳定性提高是显然的。

二、反馈的分类及其判别

（一）判别电路中有无反馈

在放大电路的输出端与输入端之间有电路连接，就有反馈，否则就没有反馈。例如图7-3（a）所示电路就有反馈，而图7-3（b）所示电路就无反馈。

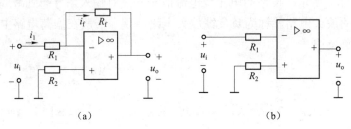

（a）　　　　　　　　　　　　　　（b）

图 7-3　电路反馈实例

（二）正反馈和负反馈

判别反馈是正反馈还是负反馈常采用瞬时极性法。具体方法是：先假定输入电压信号 U_i 在某一瞬时的极性为正（当电压、电流的实际极性与图中所标参考极性相同时称极性为正，相反时则称极性为负），表明该点的瞬时电位升高，并用"+"标记，然后顺着信号传输方向，逐步推出有关信号的瞬时极性，同时进行标记，直到推出反馈信号 X_f 的瞬时极性，然后判断反馈信号是增强还是削弱净输入信号。如果削弱，则为负反馈，若增强则为正反馈。

（三）交、直流反馈的判断

直流通道中所具有的反馈称为直流反馈；在交流通道中所具有的反馈称为交流反馈。例如图7-4（a）中，由于电容 C 的导交作用使 R_e 上只有直流反馈信号，并且使净输入 U_{BE} 减少，所以是直流负反馈。直流负反馈的目的是稳定静态工作点。图7-4（b）中的 R_e 既在直流通道上也在交流通道上，所以交、直流反馈都有。交流负反馈的目的是改善放大电路的性能。

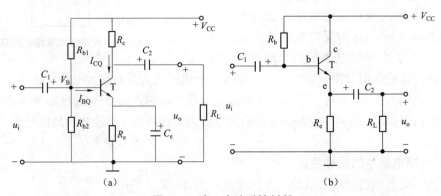

（a）　　　　　　　　　　　　　　（b）

图 7-4　交、直流反馈判断

（四）电压反馈和电流反馈

按反馈在输出端的取样形式分类，反馈可分为电流反馈和电压反馈。如果反馈量正比于输出电流，则取样的是电流，称为电流反馈；如果反馈量正比于输出电压，则取样的是电压，称为电压反馈。判断示意图如图7-5所示。对于输出端来讲，判断是电压反馈还是电流反馈，可以根据反馈取样的对象来判断，具体方法是：假设输出端的负载短路，这时如果反馈量依然存在（不为零），则是电流反馈；如果反馈量消失（为零），则是电压反馈。也可根据反馈网络与输出端的接法加以判断，若反馈网络与输出端接同一节点，为电压反馈，不接于同一节点为电流反馈。

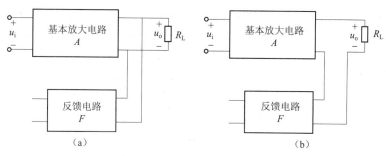

图7-5 电压、电流反馈判断

（a）电压反馈框图；（b）电流反馈框图

（五）并联反馈和串联反馈

按基本放大器输入端与反馈网络的输出端之间的连接方式，反馈可分为并联反馈和串联反馈，它们与输出端取样的形式无关。若反馈信号送到输入端是以电压相加减形式出现的，反馈信号必与输入信号相串联，这种连接方式是串联反馈；若反馈信号表现为电流相加减形式，反馈信号必与输入信号相并联，这种连接方式是并联反馈。其判断示意图如图7-6所示。

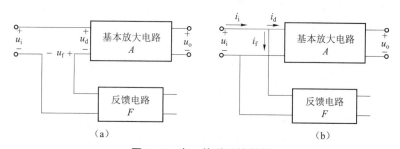

图7-6 串、并联反馈判断

（a）串联反馈框图；（b）并联反馈框图

在输入端，如何判别是串联反馈还是并联反馈，可以根据反馈信号与输入信号在输入端引入的节点不同来判别。如果反馈信号与输入信号是在输入端的同一个节点引入，反馈信号与输入信号必为电流相加减，为并联反馈；如果它们不在同一个节点引入，为串联反馈。

三、负反馈放大器的四种组态

反馈网络与基本放大电路在输入、输出端有不同的连接方式，根据输入端连接方式的不同分为串联反馈和并联反馈；根据输出端连接方式的不同分为电压反馈和电流反馈。因此，负反馈放大电路有四种基本类型：电压并联负反馈、电流并联负反馈、电压串联负反馈、电流串联负反馈。

不同的负反馈放大电路的类型，对其交流性能的影响各不相同，在定量分析之前，还必须对反馈放大电路的类型进行判别。在电路反馈判别过程中，先找出联系放大电路输出端与输入端的反馈网络或反馈元件（以下称为反馈电路）。在放大电路的输出端，如果反馈信号取样于输出电压，则是电压反馈；如果反馈信号取样于输出电流，则是电流反馈。在放大电路的输入端，如果反馈电路与信号源在输入端是并联连接，则为并联反馈；如果反馈电路与信号源在输入端是串联连接，则为串联反馈。

（一）电压并联负反馈

电压并联负反馈指反馈网络一端直接连接放大器电压输出端，另一端直接接输入端，且

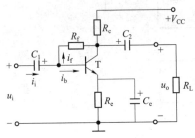

图 7-7 电压并联负反馈

反馈回输入端的电压极性与原输入信号相反。图7-7 即为这类反馈的典型电路。图中反馈元件为 R_f，反馈信号取自于输出电压 $U_c=i_c \times R_L'$，反馈元件直接与晶体管集电极相连，系电压反馈。从输入端看，反馈元件直接与输入端（三极管基极）相连，系并联反馈。用瞬时极性法可以判断，若 U_b 为 ⊕ 时，U_c 为 "−"，R_f 将 U_c 的一部分电压反馈回基极为 "−"，与原输入信号极性相反。所以该电路引入的是电压并联负反馈。

该电路引入电压并联负反馈后，有稳定输出电压的作用，其原理为：

$$R_L \uparrow \longrightarrow u_o \uparrow \longrightarrow i_f \uparrow \longrightarrow i_b \downarrow = i_i - i_f$$
$$u_o \downarrow \longleftarrow i_c \downarrow$$

（二）电压串联负反馈

电压串联负反馈指反馈网络一端直接连接放大器电压输出端。而另一端不直接连接放大器输入端，且反馈回输入回路的信号使净输入量减小，图7-8 即为这类反馈的典型电路。图中反馈网络以 R_f 为主，使 R_f 与第一级发射极电阻 R_{e1} 串联后再与负载 R_L 并联，即 R_f 与 R_{e1} 串联电路两端电压就是输出端电压 U_o，在 R_{e1} 上的分压就是 U_o 反馈回输入回路的部分电压 U_f。

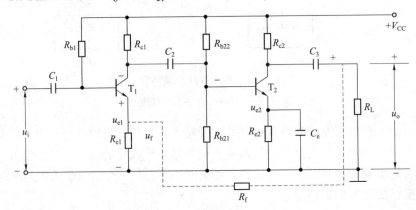

图 7-8 电压串联负反馈

由于反馈网络直接与输出端相连，系电压反馈；又由于反馈回输入端的电压不直接与输

入端 T_1 基极相连，而与发射极相连，两者成串联关系，所以是串联反馈。

下面用瞬时极性法分析反馈的极性：

$$u_{b1} \oplus \longrightarrow u_{c1} \ominus \longrightarrow u_{b2} \ominus \longrightarrow u_{c2} \oplus \longrightarrow u_{e1} \oplus \longrightarrow u_{be1} \downarrow$$

可见，反馈回发射极的电压极性为 $\oplus$，与基极原输入信号极性相同，系负反馈。所以 R_f 上引入的级间反馈为电压串联负反馈。

（三）电流并联负反馈

电流并联负反馈是指反馈网络一端不直接连接放大器电压输出端，而另一端又要直接连输入端，且反馈回输入端的电压极性与原输入电压相反，图7-9即为这类反馈的典型电路。

图7-9 中反馈网络由 R_f 组成，它在非电压输出端 R_{e2} 上端反馈的信号为 $u_f = u_{e2} = i_{e2}R_{e2} = i_{c2}R_{e2}$，可见 u_f 取自输出电流 i_{e2}，所以是电流反馈。

从输入端看，在 T_1 基极，R_f 直接与其相连，为输入电流 i_i 提供了并联分流支路，其分流电流 i_f 使净输入信号 $i_{id}=i_b=i_i-i_f$ 减弱，所以构成了电流并联负反馈。可见，反馈回 T_1 基极的电压极性为 "−"，与原输入电压极性相反，该网络引入的系电流并联负反馈。

该电流并联负反馈有稳定输出电流的作用，其原理为：

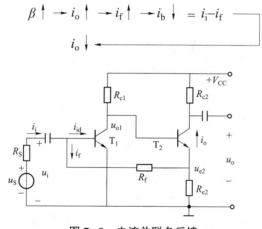

图 7-9 电流并联负反馈

（四）电流串联负反馈

电流串联负反馈是指反馈网络的一端不直接连接放大器电压输出端，而另一端也不直接连接输入端，且反馈回输入端的信号使净输入量减小。在项目六学过的分压式单级放大电路即为这种反馈类型。如图7-10 所示，图中发射极电阻 R_e 为反馈元件。当基极偏置电阻 R_{b1}、R_{b2} 对电源分压，为基极提供较稳定的电压 U_B 时，在发射极的电流 I_E 在 R_e 上产生 $U_E=I_ER_e=I_CR_e$，其电压极性如图 7-10 所示。

此时放大器的电流输出量 I_C 通过 R_e 转换成电压 $U_E=U_f$ 反馈回输入端，使放大器净输入量为 $U_{BE}=U_B-U_E$，而 U_E 就是反馈量电压。该放大器中，反馈元件 R_e 并不直接连接

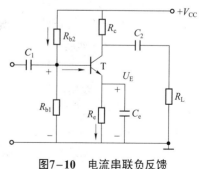

图7-10 电流串联负反馈

其电压输出端，反馈信号取自于集电极电流 I_C，且与输出电流 I_O 成正比，所以是电流反馈。在输入回路，反馈元件 R_e 也不直接连接基极，反馈电压 $U_E=U_f$ 与原输入电压 U_B 成为串联关系，所以是串联反馈。也就是 R_e 在此引入了电流串联反馈。下面用电位升降法判断该反馈的极性。图7–10 中，由于 U_B 系 R_{b1}、R_{b2} 对电源的分压，当电源电压波动时，如电压升高，基极电流增大，集电极电流增大，发射极电流增大，发射极电位有一个较大的升高，使净输入量 $u_{BE}=u_B-u_E$ 减小，所以是负反馈，即 R_e 在该放大器中引入电流串联负反馈。

四、负反馈对放大器的影响

1. 提高放大倍数的稳定性

由于电源电压的波动、器件老化、负载和环境温度的变化等因素，放大电路的放大倍数会发生变化。通常用放大倍数相对变化量的大小来表示放大倍数稳定性的优劣，相对变化量越小，则稳定性越好。

假设由于某种原因，放大器增益加大（输入信号不变），使输出信号加大，从而使反馈信号加大。由于负反馈的原因，使净输入信号减小，结果输出信号减小。这样就抑制了输出信号的加大，实际上是使得增益保持稳定，也就是说放大倍数的稳定性提高了。

由图7–11 可以推导出具有负反馈（闭环）的放大电路的放大倍数为：

$$A_f = \frac{X_o}{X_i} = \frac{A}{1+AF}$$

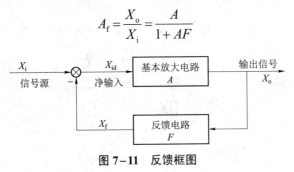

图 7–11　反馈框图

F 反映反馈量的大小，其值在 0～1 之间，$F=0$，表示无反馈；$F=1$，则表示输出量全部反馈到输入端。显然有负反馈时，$A_f<A$。

反馈深度：$1+AF$ 是衡量负反馈程度的一个重要指标，称为反馈深度。$1+AF$ 越大，放大倍数 A_f 越小。

深度负反馈：当 $AF \gg 1$ 时称为深度负反馈，此时 $A_f \approx 1/F$，可以认为放大电路的放大倍数只由反馈电路决定，而与基本放大电路的放大倍数无关。

结论：引入深度负反馈后，放大倍数 $A_f=1/F$，即基本不受外界因素变化的影响，放大电路的工作非常稳定。有反馈时，增益的稳定性比无反馈时提高了 $1+AF$ 倍。

2. 负反馈对非线性失真的影响

由于放大器件特性曲线的非线性，当输入信号较大时，就会出现失真，在其输出端得到了正负半周不对称的失真信号。当信号幅度增大时，非线性失真现象更为明显。负反馈能够减小放大电路的非线性失真。在小信号条件下，由于动态工作范围小，非线性的三极管可视为线性器件。在大信号的情况下，工作范围扩大，三极管的非线性就明显表现出来，使得输出波形产生失真。如图7–12 所示，设输出负半周小、正半周大，输出信号产生了新的频率成分，属于非线性失真。如果从放大电路中引入负反馈，非线性失真将明显减小，如图7–13 所示。

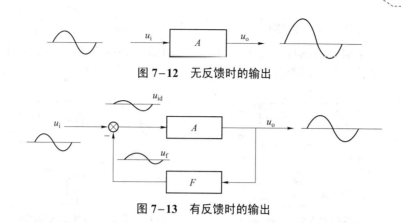

图 7-12　无反馈时的输出

图 7-13　有反馈时的输出

解释如下：假设基本放大器输入端加入一正弦信号，经放大后，由于三极管的非线性使输出波形为正半周大、负半周小的失真波形，因此引入负反馈之后，反馈信号 u_f 也是正半周大、负半周小的失真波形，将 u_f 与反馈放大器的输入信号 u_i 进行相减的结果，使基本放大器的净输入信号 u_{id} 成为正半周小、负半周大的波形。此波形经放大后，使得其输出波形的正负半周波形之间的差异减小，从而减小了放大电路的非线性失真。此外需要注意的是，上述分析只是在非线性失真不十分严重的时候，假如放大电路出现严重的饱和或者截止失真，则此时负反馈就无能为力了。同时，负反馈只能改善反馈环内产生的非线性失真，对输入信号本身失真不起作用。

3. 负反馈对通频带的影响

从本质上说，放大电路的通频带受到一定限制，是由于放大电路对不同频率的输入信号呈现出不同的放大倍数而造成的。而通过前面的分析已经看到，无论何种原因引起放大电路的放大倍数发生变化，均可以通过负反馈使放大倍数的相对变化量减小，提高放大倍数的稳定性。由此可知，对于信号频率不同而引起的放大倍数下降，也可以利用负反馈进行改善。所以，引入负反馈可以展宽放大电路的频带。

图7-14 中分别画出了放大电路在无负反馈和有负反馈时的幅频特性 $A(f)$ 和 $A_f(f)$。图中 A_m、f_L、f_H、BW 和 A_{mf}、f_{Lf}、f_{Hf}、BW_f 分别为无、有负反馈时的中频放大倍数、下限频率、上限频率和通频带宽度。

放大电路加入负反馈后，增益下降了，但是通频带却加宽了。有反馈时的通频带为无反馈时通频带的 $1+AF$ 倍。

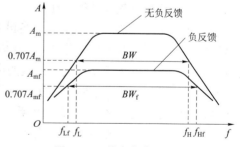

图 7-14　放大电路通频带

4. 负反馈对输入和输出电阻的影响

放大电路加入负反馈后，其输入电阻和输出电阻将会发生变化，变化的情况与反馈类型有关：串联负反馈使放大电路输入电阻增大；并联负反馈使放大电路输入电阻减小；电流负反馈使放大电路输出电阻增大；电压负反馈使放大电路输出电阻减小。

（1）串联负反馈使输入电阻提高。

当信号源 u_i 不变时，引入串联负反馈 u_f 后，净输入电压 u_{id} 减小，而输入电流 i_i 不变，从而引起输入电阻 $r_{if}(=u_i/i_i)$ 比无反馈的输入电阻 r_i 增大，如图7-15所示。

（2）并联负反馈使输入电阻降低。

并联负反馈由于输入电流 $i_i(=i_{id}+i_f)$ 的增加，致使输入电阻 $r_{if}(=u_i/i_i)$ 减小，如图7-16所示，并联负反馈越深，r_{if} 减小越多。

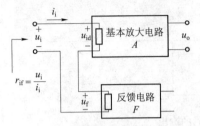

图7-15　反馈电路对输入电阻的影响（一）　　图7-16　反馈电路对输入电阻的影响（二）

（3）电压负反馈降低输出电阻，稳定输出电压。

从输出端看放大电路，可用戴维宁等效电路来等效，如图7-17所示，理想状态下，$r_o=0$，输出电压为恒压源特性，电压负反馈越深，输出电阻越小，输出电压越稳定。

（4）电流负反馈提高输出电阻，目的是稳定输出电流。

从输出端看，放大电路可等效为电流源与电阻并联，如图7-18所示，理想状态下，$r_o=\infty$，输出电流为恒流源特性。电流负反馈越深，输出电阻越大，输出电流越稳定。

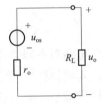
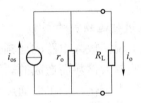

图7-17　放大电路输出端等效电路（电压源）　　图7-18　放大电路输出端等效电路（电流源）

7.3.2　集成运算放大器

一、集成运算放大器的概述

集成电路是 20 世纪 60 年代发展起来的固体组件。它是用微电子技术将元件、导线、电路集成在一块很小的半导体芯片上。在电子技术的发展过程中，早期采用多个晶体管和电阻、电容等元件组装电子线路，这样组装的电路体积大、焊点多、工作可靠差、组装调试麻烦。随着电子技术的不断发展，出现了一种将多个元件做在一个很小的硅片上组成有一定功能的电路，这就是集成电路，如图7-19所示。由于它最早用于运算电路中，所以习惯上称它为集成运算放大器。现在集成运放作为通用器件，它的应用十分广泛，包括模拟信号的产生、放大、滤波以及进行各种线性和非线性的处理。

（一）集成电路的发展进程

1960 年：小规模集成电路 SSI。

1966 年：中规模集成电路 MSI。

1969 年：大规模集成电路 LSI。

1975 年：超大规模集成电路 VLSI。

图 7-19　集成电路实例

（二）集成电路的分类

（1）模拟电路：处理模拟信号的电路，如集成功率放大器、集成运算放大器等。

（2）数字电路：处理数字信号的电路，如集成门电路、编码器、译码器、触发器等。

（三）集成运算放大器的组成

集成运算放大器的内部包括四个部分：输入级、输出级、中间级和偏置电路。其框图如图7-20所示。

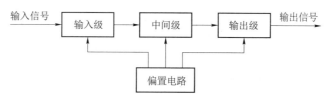

图 7-20　集成运算放大器的组成

1. 输入级

输入级是集成运算放大器的最前级，是集成运算放大器的关键部分。一般都采用差动放大电路，对它的要求是高增益、大共模抑制比和高输入阻抗。作为集成运算放大器的输入级，它有两个输入端。其中一端叫同相输入端，输入信号在该端输入时，输出信号与输入信号相位相同；另有一个端叫反相输入端，输入信号在该端输入时，输出信号与输入信号相位相反。要求输入电阻高，能够抑制零点漂移和干扰信号。采用差动放大电路，它有同相和反相两个输入端。

2. 中间级

中间级由高增益的电压放大电路组成，它是集成运算放大器的主要放大级。除了有足够高的电压增益外，常常还需要它有电平位移和双端变单端的作用。

3. 输出级

对输出级的要求是要有较低的输出阻抗、较强的带负载能力，因此集成运算放大器的输出级一般由射极输出器组成。在实际应用中，为了进一步减小输出阻抗，提高带负载的能力，常用复合管组成的射极输出器，使电路有足够的输出功率去推动负载正常工作。

4. 偏置电路

偏置电路的主要作用是为集成运算放大器各级电路提供合适的静态工作点，以保证电路的正常工作，为以上各级电路提供稳定和合适的偏置电流，决定各级的静态工作点。一般由各种恒流源组成。

（四）集成运算放大器的外形和符号

1. 集成运算放大器的外形

常见的集成运放有圆壳式、扁平式和双列直插式，如图7-21所示。

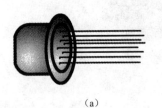  

（a） （b） （c）

图7-21 集成运算放大器外形

（a）圆壳式；（b）双列直插式；（c）扁平式

2. 运算放大器的符号

国家标准（GB 3430—1982）规定，运算放大器的型号由字母和阿拉伯数字表示，例如CF741、CF124 等，其中 C 表示国家标准，F 表示运算放大器，阿拉伯数字表示品种。其符号如图7-22 所示。

双列直插式管脚号的识别：管脚朝外，缺口向左，从左下脚开始为 1，逆时针排列。例如 LM358 是 8 管脚的双集成运放，各管脚号及功能如图7-23 所示。

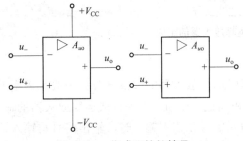 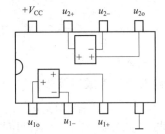

图7-22 集成运放的符号 **图7-23 引脚和排列功能**

3. 集成运算放大器的主要参数

（1）开环电压放大倍数 A_{u0}：指运放在无外加反馈情况下的空载电压放大倍数（差模输入），一般为 $10^4 \sim 10^7$，即 $80 \sim 140$ dB（$20 \lg|A_{u0}|$）。

（2）差模输入电阻 r_{id}：指运放在差模输入时的开环输入电阻，一般在几十千欧～几十兆欧范围。r_i 越大，性能越好。理想状态下 $r_i \to \infty$。

（3）开环输出电阻 r_o：指运放无外加反馈回路时的输出电阻，开环输出电阻 r_o 越小，带负载能力越强。一般为 $20 \sim 200 \ \Omega$。理想状态下 $r_o \to 0$。

（4）共模抑制比 K_{CMR}：用来综合衡量运放的放大和抗零漂、抗共模干扰的能力，K_{CMR} 越大，抗共模干扰能力越强。一般在 $65 \sim 75$ dB 之间。共模抑制比指集成运算放大电路在开环状态下，差模电压放大倍数 A_{ud} 与共模电压放大倍数 A_{uc} 之比，即 $K_{CMR} = A_{ud}/A_{uc}$。

（5）输入失调电压 U_{io}：实际运算放大器，当输入电压 $u_+ = u_- = 0$ 时，输出电压 $u_o \neq 0$，将其折合到输入端就是输入失调电压。它在数值上等于输出电压为零时两输入端之间应施加的直流补偿电压。U_{io} 的大小反映了输入级差动放大电路的不对称程度，显然其值越小越好，一般为几毫伏，高质量的在 1 mV 以下。理想状态下 U_{io}=0。

（6）输入失调电流 I_o：输入失调电流是输入信号为零时，两个输入端静态电流之差。I_{io} 一般为纳安级，其值越小越好，理想状态下 I_{io}=0。

（7）最大输出电压 U_{opp}：指运放在空载情况下，最大不失真输出电压的峰–峰值。理想状况下 U_{opp} 等于电源电压。

在实际应用中，常把集成运算放大器特性理想化。把具有理想参数的集成运算放大器叫作理想集成运放。为了突出运算放大器组成电路的基本特点，减少复杂的运算，在本项目运算放大器的各种电路的分析中，将运算放大器理想化：假设运算放大器的失调电压和失调电流均为零，失调电压和失调电流的漂移也为零。这样，在实际问题的讨论中，可以不考虑运算放大器的失调和漂移。另外，由于运算放大器的差模电压增益很高，共模电压增益非常小，假设运算放大器的差模电压增益为无穷大，共模电压增益为零，运算放大器的共模抑制比为无穷大。

理想集成运放具有如下特点：

① 开环差模电压放大倍数 $A_{ud} \rightarrow \infty$。

② 输入阻抗 $r_{id} \rightarrow \infty$。

③ 输出阻抗 $r_o \rightarrow 0$。

④ 带宽 $BW \rightarrow \infty$。

⑤ 共模抑制比 $K_{CMR} \rightarrow \infty$。

二、集成运算放大器的应用

（一）理想集成运算放大电路

理想集成运算放大器就是将集成运放的各个技术指标都理想化。它满足以下条件：三高一低。

（1）开环电压放大倍数 $A_{uo} \rightarrow \infty$；

（2）差模输入电阻 $r_{id} \rightarrow \infty$；

（3）开环输出电阻 $r_o \rightarrow 0$；

（4）共模抑制比 $K_{CMR} \rightarrow \infty$。

理想运算放大器的图形符号如图7–24（a）所示，图中的"∞"表示电压放大倍数 $A_{uo} \rightarrow \infty$。图7–24（b）为运算放大器的传输特性曲线。实际运算放大器的特性曲线分为线性区和饱和区，理想运放的特性曲线无线性区。

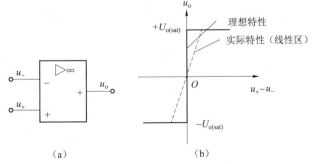

图 7–24　理想运放的符号和传输特性

（a）理想运放图形符号；（b）理想运放传输曲线

当运算放大器工作在线性区时：

$$u_o = A_{uo}(u_+ - u_-) \tag{7-1}$$

当运算放大器工作在饱和区时：

$$\left.\begin{array}{l} u_+ > u_-\text{时，} u_o = +U_{o(sat)} \\ u_+ < u_-\text{时，} u_o = -U_{o(sat)} \end{array}\right\} \tag{7-2}$$

运算放大器工作在线性区的两个推论："虚短""虚断"。

（1）由于 $A_{uo} \to \infty$，而输出电压是有限电压，从式（7-1）可知 $u_+ - u_- = u_o/A_{uo} \approx 0$，即

$$u_+ \approx u_- \tag{7-3}$$

式（7-3）说明同相输入端和反相输入端之间相当于短路。由于不是真正的短路，故称"虚短"。

（2）由于运算放大器的差模电阻 $r_{id} \to \infty$，而输入电压 $u_i = u_+ - u_-$ 是有限值，两个输入端电流 $i_+ = i_- = u_i/r_{id}$，即：

$$i_+ = i_- \approx 0 \tag{7-4}$$

式（7-4）说明同相输入端和反相输入端之间相当于断路。由于不是真正的断路，故称"虚断"。

在非线性区，虽然集成运放两个输入端的电位不等，但因为理想集成运放的 $r_{id} \to \infty$，故仍可认为理想集成运放的输入电流等于零，即 $i_+ = i_- \approx 0$，此时"虚断"仍然成立。

（二）集成运放的线性应用

在分析集成运放的应用电路时，应判断其中的集成运放是否工作在线性区。为了让集成运放在比较大的输入电压范围内工作在线性区，就必须引入深度负反馈，以此降低集成运放的放大倍数。在此基础之上，根据线性区的特点具体分析具体电路的工作原理。当集成运放工作在线性区时，可以组成各类信号运算电路，主要有比例运算、加减法运算、比较放大等电路。其中比例运算电路是其他各类运算电路的基础。

1. 反相比例运算电路

反相比例运算电路如图7-25所示。图中输入信号 u_i 通过电阻 R_1 接到反相输入端，在输出端与输入端之间接有反馈电阻 R_f，形成深度电压并联负反馈，使运算放大器工作在稳定的线性放大状态。为了使集成运算放大器的输入端阻抗对称，在同相输入端与地之间接入了电阻 R_2，R_2 称为平衡电阻。且要求 $R_2 = R_1 // R_f$。

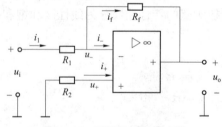

图 7-25 反相比例运算电路

各电流的参考方向如图7-25所示，由"虚短"和"虚断"概念可得：

$$i_1 = \frac{u_i - u_-}{R_1} = \frac{u_i}{R_1} \qquad i_f = \frac{u_- - u_o}{R_f} = -\frac{u_o}{R_f}$$

又因为 $i_+ = i_- = 0$，$i_1 = i_f$，得

$$u_{\text{o}} = -\frac{R_{\text{f}}}{R_1}u_{\text{i}}, \quad A_{uf} = \frac{u_{\text{o}}}{u_{\text{i}}} = -\frac{R_{\text{f}}}{R_1}$$

式中，负号代表输出与输入反相，输出与输入的比例由 R_{f} 与 R_1 的比值来决定，而与集成运放内部各项参数无关，说明电路引入了深度负反馈，保证了比例运算的精度和稳定性。从反馈组态来看，属于电压并联负反馈。上式表明输出与输入电压之比即电压放大倍数 A_{uf} 是一个定值。当 $R_{\text{f}} = R_1$ 时，即 $u_{\text{o}} = -u_{\text{i}}$ 时这样的反比例电路又称为反相器。静态时，为了使输入级的偏置电流平衡并在集成运放两个输入端的外接电阻上产生相等的电压降，以消除零漂，平衡电阻 R_2 须满足 $R_2 = R_1/R_{\text{f}}$。

例 7.1 在图7-25 中，已知 $R_{\text{f}} = 400\ \Omega$，$R_1 = 20\ \Omega$，求电压放大倍数 A_{uf} 及平衡电阻 R_2 的值。

解：$A_{uf} = -\dfrac{R_{\text{f}}}{R_1} = -400/20 = -20$

$R_2 = R_1/R_{\text{f}} = (20 \times 400)//(20 + 400) \approx 13.3\ (\text{k}\Omega)$

2. 同相比例运算电路

由 $u_- = u_+$ 及 $i_+ = i_- = 0$，可得 $u_+ = u_{\text{i}}$，$i_1 = i_{\text{f}}$

$$i_1 = -\frac{u_-}{R_1} = -\frac{u_+}{R_1}, \quad i_{\text{f}} = \frac{u_- - u_{\text{o}}}{R_{\text{f}}} = \frac{u_+ - u_{\text{o}}}{R_{\text{f}}}$$

由 $i_1 = i_{\text{f}}$ 可得

$$u_{\text{o}} = \left(1 + \frac{R_{\text{f}}}{R_1}\right)u_{\text{i}}$$

可得闭环电压放大倍数

$$A_{uf} = \frac{u_{\text{o}}}{u_{\text{i}}} = \left(1 + \frac{R_{\text{f}}}{R_1}\right)$$

上式表明 A_{uf} 是一个定值，且总大于 1。该比例系数仅取决于反馈网络的电阻比值 $1 + R_{\text{f}}/R_1$，而与集成运放本身参数无关。式中的值为正值，说明输出电压与输入电压同相位。

图7-26（a）中当 $R_{\text{f}} = 0$ 或 $R_1 = \infty$ 时，$A_{uf} = 1$，这时 $u_{\text{o}} = u_{\text{i}}$，所以把这种集成运放电路（见图 7-26（b））称为电压跟随器。

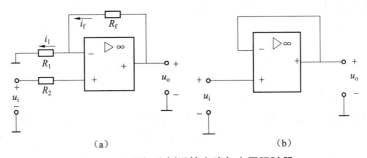

图 7-26 同相比例运算电路与电压跟随器

（a）同相比例运算电路；（b）电压跟随器

例 7.2 电路如图7-27 所示，求 u_{o} 与 u_{i} 的关系式。

解：由于 $i_+=0$，所以 R_2 与 R_3 是串联关系，由分压公式得

$$u_+ = \frac{R_3}{R_2+R_3}u_i$$

将 u_+ 代入式 $u_o = \left(1+\frac{R_f}{R_1}\right)u_+$ 得

$$u_+ = \frac{R_3}{R_2+R_3}u_i$$

$$u_o = \left(1+\frac{R_f}{R_1}\right)u_+ = \left(1+\frac{R_f}{R_1}\right)\left(\frac{R_3}{R_2+R_3}\right)u_i$$

3. 差动比例电路（减法电路）

差动比例电路实际上是一个双端输入的集成运算放大电路，是同相比例运算放大器和反相比例运算放大器的组合，在一定条件下，它的输出电压与输入电压的差值成正比。把这种输出电压与两个输入电压之差成正比的电路叫减法运算电路。电路组成如图7-28所示。

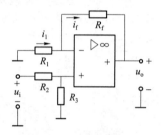

图 7-27 例 7.2 的图

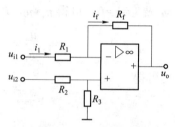

图 7-28 减法运算电路

由于 $i_-=0$，所以 $i_1=i_f$，R_f 与 R_1 是串联关系，则

$$i_1 = \frac{u_{i1}-u_o}{R_1+R_f}, \quad u_- = u_{i1}-R_1i_1 = u_{i1}-R_1\frac{u_{i1}-u_o}{R_1+R_f}$$

又因为 $i_+=0$，所以 R_2 与 R_3 是串联关系，可得

$$u_+ = \frac{R_3}{R_2+R_3}u_{i2}$$

根据理想集成运算放大器"虚短"的概念有 $u_+=u_-$，又根据"虚断"的概念可知同相输入端的输入电流为零，所以

$$u_o = \left(1+\frac{R_f}{R_1}\right)\frac{R_3}{R_2+R_3}u_{i2} - \frac{R_f}{R_1}u_{i1}$$

4. 反比例求和电路（加法电路/加法器）

加法运算电路实际上是在反相比例运算放大器的基础上增加几条输入支路组成的求和电路。其中平衡电阻 $R = R_1 /\!/ R_2 /\!/ R_3 /\!/ R_f$，电路组成如图7-29所示。

由理想集成运算放大器的"虚断"和"虚短"可知：

$$i_f = i_1+i_2+i_3, \quad 即 -\frac{u_o}{R_f} = \frac{u_{i1}}{R_1}+\frac{u_{i2}}{R_2}+\frac{u_{i3}}{R_3}, \quad 则$$

$$u_o = -\left(\frac{R_f}{R_1} u_{i1} + \frac{R_f}{R_2} u_{i2} + \frac{R_f}{R_3} u_{i3} \right)$$

当 $R_1 = R_2 = R_3 = R$ 时，则有

$$u_o = -\frac{R_f}{R}(u_{i1} + u_{i2} + u_{i3})$$

当 $R_1 = R_2 = R_3 = R_f = R$ 时，则有

$$u_o = -(u_{i1} + u_{i2} + u_{i3})$$

5. 信号转换电路

信号转换电路一般指电压-电流转换和电流-电压转换两种形式，它广泛应用在自动控制电路中，完成对工业生产过程的自动控制。下面就介绍这两种信号转换电路。

（1）电压-电流转换电路。

电压-电流转换电路的作用是将输入电压信号转换成一定比例的输出电流信号。图7-30所示为电压-电流转换电路，图7-30（a）为反相输入式电压-电流转换器；图7-30（b）为同相输入式电压-电流转换器。

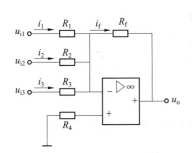

图7-29 反相加法运算电路

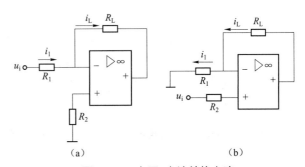

（a）　　　　　　　　（b）

图7-30 电压-电流转换电路
(a)反相输入；(b)同相输入

图7-30（a）所示为反相输入电压-电流转换电路，图中 R_1 为输入电阻，R_L 为负载电阻，R_2 为输入端平衡电阻。在理想条件下根据"虚断"和"虚短"的概念有：

$$i_L = i_1 = \frac{u_i}{R_1}$$

上式说明，负载 R_L 上的电流与输入电压成正比，而与负载电阻 R_L 的大小无关。如果输入电压是恒定不变的，则输出电流也是恒定不变的。

图7-30（b）为同相输入式电压-电流转换器。其效果与反相输入式电压-电流转换器相同，在理想条件下根据"虚断"的概念有：

$$u_- = u_+ = u_i$$

则有

$$i_L = i_1 = \frac{u_i}{R_1}$$

可以看出，同相输入电压-电流转换电路的效果与反相输入电压-电流转换电路的效果一样，同样可以完成电压-电流转换。所不同的是，同相输入电压-电流转换电路的输入电阻比反相输入电压-电流转换电路的输入电阻大，采用高阻抗输入后，电路的转换精度会大大提高。

（2）电流–电压转换电路。

电流–电压转换电路的电路组成如图7–31所示，其作用就是将输入电流转换成一定比例的输出电压。

根据理想条件下的"虚断"的概念有 $i_i = i_f$，又根据"虚短"的概念可得：

$$u_o = -i_f R_f = -i_i R_f$$

上式说明，输出电压与输入电流成正比例，实现了电流–电压的转换，如果输入电流稳定，只要 R_f 选得精确，则输出电压将是稳定的。

（三）集成运放的非线性应用——电压比较器

模拟电路中，电压比较器是最常用的集成电路，可用于越限报警、数模转换及信号发生电路等。电压比较器是一个高放大倍数、宽频带的放大器，其功能是将模拟输入电压与一个参考电压比较，由比较结果输出一定的高、低电平，将模拟信号转换为数字信号。应用集成运放构成比较器时，集成运放应工作在非线性区（饱和区），即开环状态。如图7–32所示为电压比较器中的一种。加在同相输入端的 U_R 是参考电压，输入电压 u_i 加在反相输入端。

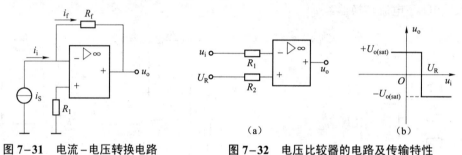

图 7–31　电流–电压转换电路

图 7–32　电压比较器的电路及传输特性

（a）电路；（b）传输特性

当 $u_i < U_R$ 时，$u_o = +U_{o(sat)}$；

当 $u_i > U_R$ 时，$u_o = -U_{o(sat)}$。

图7–32（b）为电压比较器的传输特性。可见，在比较器的输入端进行模拟信号大小的比较，在输出端则以正、负两个极限值来反映比较结果。

零电压比较：当 $U_R = 0$ 时，输入电压和零电压比较，称为过零比较器，其传输特性如图7–33（a）所示。当 u_i 为正弦电压时，u_o 为矩形波电压，实现了波形的转换，如图7–33（b）所示。

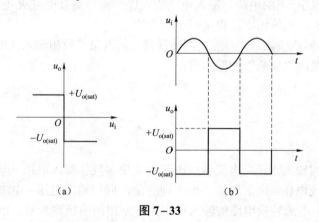

图 7–33

（a）过零比较器的传输特性；（b）正弦波电压转换为方波电压

7.4　实践知识——如何使用集成运算放大器

在使用集成运放组成的各种电路时，为了使电路正常、安全地工作，使用前必须进行测试，使用中应注意电路参数和极限参数符合电路要求，同时还要注意以下几方面。

1. 使用前应认真查阅有关手册

了解所用集成运放各引脚排列位置，外接电路时特别要注意正、负电源端，输出端及同相、反相输入端的位置。

2. 运算放大器电路的基本构成

芯片内制作线圈几乎不可能，电容器也只能制作小容量（几十皮法就达到了制作限度）的。所以，运算放大器也就是用晶体管和电阻构成的直接耦合放大器（直流放大器）。

3. 运算放大器的选择

在使用运算放大器时，除了什么品种都无所谓的情况外，应必须对品种进行挑选。首先决定想要制作的电路，然后考虑电路的功能、所需的性能等，最后进入集成电路挑选阶段。一般不要选择比所需性能还要高的品种。产品性能越高，成本也越高，使用时必须注意的事项也就越多。选择通用的品种不仅成本低，而且也容易购到。集成运算放大器的种类繁多，它们的性能也各不相同，有的具有高输入阻抗，有的具有低噪声特性，有的具有非常高的共模抑制比等，它们各自具有自己的特色。在实际应用中，不能单纯地追求高性能指标，要根据具体电路的不同技术要求选择合适的集成运算放大器。同时要提醒大家注意的是：即使是同一类型的集成运算放大器，其性能参数也可能存在较大的差异，在选择使用前一定要搞清楚主要的性能参数，在条件允许的情况下最好对一些主要参数进行测试。

4. 运算放大器的发热问题（芯片温度和外壳温度）

即使选用特性很好的电阻和电容器，运算放大器自身的温度上升也会对漂移产生很大影响。比如一个放大倍数为 2 倍的反相放大器。假设电源电压为±15 V，由规格表可查得电源电流的最大值为 10 mA。不难求得，这个运算放大器的消耗功率为 315 mW。这时芯片的温度 T_j=72 ℃。由于芯片温度的最大值为 115 ℃，所以还有相当大的余地。但是芯片的温度每上升 10 ℃，输入偏置电流就会成倍增加。根据规格表，这时偏置电流的最大值为 200 pA，这是一种不可忽视的情况。所以要想尽可能地控制温度上升，要么将电源电压降到所需的最小下限以内，要么安装散热器。注意，不要将几个电路封装在一起使用。还有一个问题就是输出短路时所出现的情况。电路短路通常会有大量的功率被消耗掉，所以有过热破坏的危险。

5. 输入电路的保护与注意事项

集成运放在使用过程中如果出现电源电压过高、电源极性错误、输入电压过高、输出端短路或输出过载等，均有可能造成集成运放的损坏，为了使集成运放能安全地工作，必须采取一定的保护措施。

（1）输入保护。

为了防止输入电压过高而损坏集成运放，常常在集成运放两输入端之间反向并接两只硅二极管进行钳位，以限制集成运放的输入信号幅度，无论输入信号的极性是正是负，只要超过硅二极管的正向导通电压（0.7 V），总有一只二极管因正偏而导通，将两输入端之间的电压限制在 0.7 V 以内，从而保护了集成运放的输入端。

（2）输出保护。

在集成运放的输出端反向串接两只性能一致的稳压二极管，当输出电压在正向或负向出现过压时，总有一只稳压二极管导通，而另一只稳压二极管工作在稳压状态，从而使输出电压幅度稳定在一定范围内，集成运放的输出端不会因输出电压过高而损坏。为了不影响集成运放的正常输出，两只稳压二极管的稳定电压值应略高于集成运放的最大允许输出电压。

6. 集成运放的调零

由于集成运放的输入端不同程度地存在输入失调电压和输入失调电流，会影响集成运放的正常工作，因此要对集成运放进行调零，以消除由于输入失调电压和输入失调电流产生的影响。集成运放的调零分为内部调整和外部调整，在使用时要根据不同情况进行相应的调整。

7. 消除自激

由于集成运放的高电压增益和内部元件的部分参数影响，容易引起自激，造成电路工作的不稳定。消除自激的办法是在集成运放的外电路接入消振电容或 RC 反馈网络，以消除自激，使集成运放的工作状态稳定。

8. 常见集成运放的封装形式及引脚

常见集成运放的封装形式及引脚如图 7-34 所示。

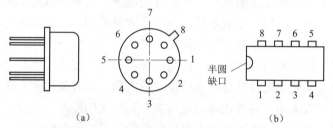

图 7-34 常见集成运放的封装形式
（a）金属圆壳；（b）双列直插式

7.5 项目实施

一、分组

将学生进行分组，通常 3～5 人一组，选出小组负责人，下达任务。

二、讲解项目原理及具体要求

图 7-35 所示为冷藏室温控器电路。该电路是利用运算放大器构成的比较器来控制温度的，作为冷藏室温度传感器的热敏电阻 R_t，其阻值随温度升高而减小，随温度降低而增大。

电路组成：由电阻 R_1、R_2 和 R_3 组成电冰箱温度下限控制电路，由电阻 R_4、R_5 组成电冰箱温度上限控制电路，由集成运放 A_1、A_2 和与非门 G_1、G_2 组成电压比较及转换输出电路，由继电器 KA 和三极管 T 组成电冰箱压缩机运转控制电路。

电路工作原理：因某种原因，冷藏室温度升高，传感器电阻随之减小，运放 A_1 反相输入端和运放 A_2 同相输入端电压随之增大。

具体任务为：

（1）小组制订工作计划。

（2）识别电冰箱冷藏室温控器电路原理图，明确元器件连接和电路连线。

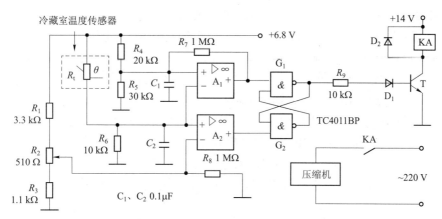

图 7-35　电冰箱冷藏室温控器电路原理图

（3）利用 Protel DXP 2004 画出布线图。

（4）完成电路所需元器件的购买与检测。

（5）根据布线图制作电冰箱冷藏室温控器电路。

（6）完成电冰箱冷藏室温控器电路功能检测和故障排除。

（7）通过小组讨论完成电路的详细分析并编写项目报告。

三、学生具体实施

学生根据项目内容，分组讨论，查阅资料，观看相关视频。在以上过程中，教师要起主导作用，实时指导，并控制项目实施节奏，保证在规定课时内完成该项目。

四、学生展示

学生可以以电子版 PPT 或图片的形式对本组的讨论结果进行展示。

五、评价

项目评价以自评和互评的形式展开，填写项目自评互评表，教师整体对该项目进行总结，对好的进行表扬，差的指出不足。

在项目具体实施过程中，所需项目方案实施计划单、材料工具清单、项目检查单和项目评价单见书后附录 A、B、C、D。

7.6　习题及拓展训练

一、填空题

1. 将反馈引入放大电路后，若使净输入减小，则引入的是_____反馈，若使净输入增加，则引入的是_____反馈。

2. 将_____信号的一部分或全部通过某种电路_____端的过程称为反馈。

3. 负反馈放大电路中，若反馈信号取样于输出电压，则引入的是_____反馈，若反馈信号取样于输出电流，则引入的是_____反馈；若反馈信号与输入信号以电压方式进行比较，则引入的是_____反馈，若反馈信号与输入信号以电流方式进行比较，则引入的是_____反馈。

4. 引入_____反馈可提高电路的增益，引入_____反馈可提高电路增益的稳定性。

5. 电压负反馈能稳定输出_____，电流负反馈能稳定输出_____。

6. 负反馈对输出电阻的影响取决于_____端的反馈类型，电压负反馈能够_____输出电阻，电流负反馈能够_____输出电阻。

7. 负反馈虽然使放大器的增益下降，但能_____增益的稳定性，_____通频带，_____非线性失真，_____放大器的输入、输出电阻。

8. 图7-36所示电路中集成运放是理想的，其最大输出电压幅值为±14 V。由图可知：电路引入了_____（填入反馈组态）负反馈，电路的输入电阻趋近于_____，电压放大倍数 $A_{uf}=u_o/u_i=$_____。设 $u_i=1$ V，则 $u_o=$_____V；若 R_1 开路，则 u_o 变为_____V；若 R_1 短路，则 u_o 变为_____V；若 R_2 开路，则 u_o 变为_____V；若 R_2 短路，则 u_o 变为_____V。

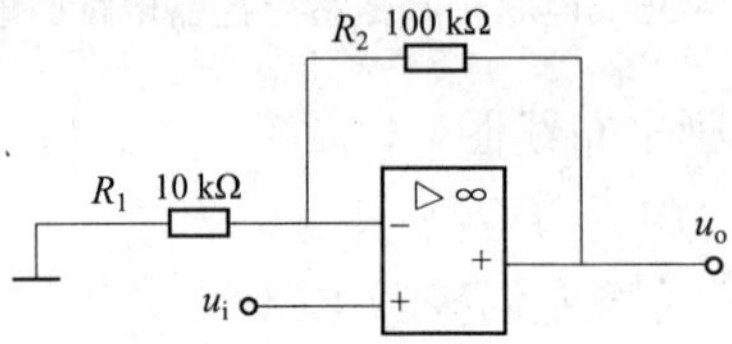

图 7-36　填空题 8 的图

9. 负反馈对输入电阻的影响取决于_____端的反馈类型，串联负反馈能够_____输入电阻，并联负反馈能够_____输入电阻。

10. 为提高放大电路的输入电阻，应引入交流_____反馈，为提高放大电路的输出电阻，应引入交流_____反馈。

11. 运算电路中的集成运算放大器应工作在_____区，为此运算电路中必须引入_____反馈。

12. 反相比例运算电路的主要特点是输入电阻_____，运算放大器共模输入信号为_____。

13. 理想运放的两个重要的结论是_____和_____。

二、选择题

1. 交流负反馈是指（　　）。

A. 只存在于阻容耦合电路中的负反馈　　B. 交流通路中的负反馈

C. 放大正弦波信号时才有的负反馈　　D. 变压器耦合电路中的负反馈

2. 放大电路引入负反馈是为了（　　）。

A. 提高放大倍数　　　　　　　　　　B. 稳定输出电流

C. 稳定输出电压　　　　　　　　　　D. 改善放大电路的性能

3. 直流负反馈在放大电路中的主要作用是（　　）。

A. 提高输入电阻　　　　　　　　　　B. 降低输入电阻

C. 提高增益　　　　　　　　　　　　D. 稳定静态工作点

4. 负反馈放大电路中，A 为开环放大倍数，F 为反馈系数，则在深度负反馈条件下，放大电路的闭环放大倍数 A_f 近似为（　　）

A. F　　　　　　　B. $1/F$　　　　　　　C. A　　　　　　　D. $1+AF$

5. 深度负反馈的条件是指（　　）。

A. $1+AF \ll 1$ B. $1+AF \gg 1$ C. $1+AF \ll 0$ D. $1+AF \gg 0$

6. 为了减小放大电路从信号源索取的电流并增强带负载能力，应引入（   ）负反馈。

A. 电压串联   B. 电压并联

C. 电流串联   D. 电流并联

7. 对于运算关系为 $u_o=10u_i$ 的运算放大电路是（   ）。

A. 反相输入电路   B. 同相输入

8. 电压跟随器，其输出电压为 u_o，则输入电压为（   ）。

A. u_i B. $-u_i$ C. 1   D. -1

9. 同相输入电路，$R_1=10$ kΩ，$R_f=100$ kΩ，输入电压 u_i 为 10 mV，输出电压 u_o 为（   ）。

A. -100 mV   B. 100 mV

C. 10 mV   D. -10 mV

10. 加法器中，$R_1=R_f=R_2=R_3=10$ kΩ，输入电压 $u_{i1}=10$ mV，$u_{i2}=20$ mV，$u_{i3}=30$ mV，则输出电压为（   ）。

A. 60 mV   B. 100 mV   C. 10 mV   D. -60 mV

11. 反相输入电路中，$R_1=10$ kΩ，$R_f=100$ kΩ，则放大倍数 A_{uf} 为（   ）。

A. 10   B. 100   C. -10 D. -100

三、判断题

1. 运算电路中一般应引入正反馈。（   ）

2. 某学生做放大电路实验时发现输出波形有非线性失真，后引入负反馈，发现失真被消除了，这是因为负反馈能消除非线性失真。（   ）

3. 在放大电路中引入反馈，可使其性能得到改善。（   ）

4. 在运算电路中，集成运放的反相输入端均为虚地。（   ）

四、计算分析题

1. 反馈放大电路如图7-37所示，试指出电路的反馈类型，判断其反馈极性。

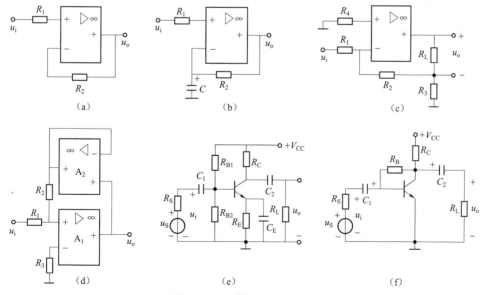

图 7-37　计算分析题 1 的图

2. 设图7-38中各运放均为理想器件，试写出各电路的电压放大倍数 A_{uf} 的表达式。

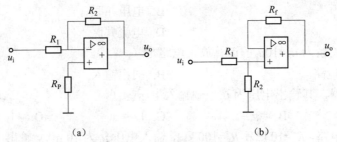

（a）　　　　　　　　　　　　　　（b）

图7-38　计算分析题2的图

3. 运放应用电路如图7-39所示，试分别求出电路中的输出电压 u_o。

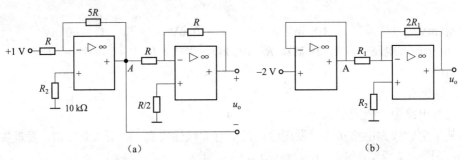

（a）　　　　　　　　　　　　　　（b）

图7-39　计算分析题3的图

4. 分别设计实现下列运算关系的运算电路。（括号中的反馈电阻 R_F 为给定值，要求画出电路并求出元件值）

（1）$u_o=-3u_i$　　　　　　　　　　　（R_F=39 kΩ）

（2）$u_o=-(u_{i1}+0.2u_{i2})$　　　　　　（R_F=10 kΩ）

（3）$u_o=5u_i$　　　　　　　　　　　　（R_F=20 kΩ）

项目八　直流稳压电源的设计、安装与调试

8.1　项目目标

知识目标

掌握半导体二极管整流电路的结构、原理；了解滤波电路的组成和工作原理；理解稳压电路的作用及集成稳压器的使用方法；能对直流稳压电源进行分析和计算。

能力目标

熟悉万用表和示波器的使用方法。

情感目标

培养学生的自学意识。

8.2　工 作 情 境

通过直流稳压电源的制作，学生学会使用万用表，并利用万用表来检测二极管的能力，该项目的实施使学生能对直流稳压电源电路中的故障现象进行分析判断并加以解决，最终使我们能设计和制作直流稳压电源。

8.3　理 论 知 识

任何一个电路、一台电子设备都必须要有电源，它是电路工作的"能源"保障，不同的电路对电源的要求不同，但几乎所有的电子设备和电路都需要有一种当电网电压波动或负载发生变化时，输出电流电压仍然能基本保持不变的电源，这种电源称为直流稳压电源。其组成框图如图 8-1 所示。

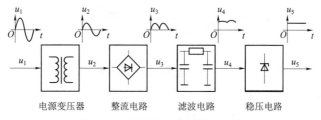

图 8-1　直流稳压电源组成框图

电子设备中都需要直流稳压电源，功率较小的直流电源大多数都是将交流电压经过整流、滤波和稳压后获得。整流电路用来将交流电压变换为单向脉动的直流电压；滤波电路用来滤除整流后单向脉动电压中的交流成分，使之成为平滑的直流电压；当输入交流电源电压波动、负载和温度变化时，稳压电路用来维持输出直流电压的稳定。

8.3.1 整流电路

整流电路是把交流电能转换为直流电能的电路。大多数整流电路由变压器、整流主电路和滤波器等组成。它在直流电动机的调速、发电机的励磁调节、电解、电镀等领域得到广泛应用。整流电路通常由主电路、滤波器和变压器组成。20 世纪 70 年代以后，主电路多用硅整流二极管和晶闸管组成。滤波器接在主电路与负载之间，用于滤除脉动直流电压中的交流成分。变压器设置与否视具体情况而定。变压器的作用是实现交流输入电压与直流输出电压间的匹配以及交流电网与整流电路之间的电隔离。

小功率直流电源因功率比较小，通常采用单相交流供电，因此，本节只讨论单相整流电路。利用二极管的单向导电作用，可将交流电变为直流电，常用的二极管整流电路有单相半波整流电路和桥式整流电路。

一、单相半波整流电路

单相半波整流电路如图8-2（a）所示，图中 Tr 为电源变压器，用来将市电 220 V 交流电压变换为整流电路所要求的交流电压，同时保证直流电源与市电电源有良好的隔离。D 为整流二极管，令它为理想二极管，R_L 为要求直流供电的负载等效电阻。设变压器二次电压为 $u_2 = \sqrt{2}\,U_2\sin\omega t$。当 u_2 为正半周（$0 \leq \omega t \leq \pi$）时，由图8-2（a）可见，二极管 D 因正偏而导通，流过二极管的电流 i_D 同时流过负载电阻 R_L，即 $i_O = i_D$，负载电阻上的电压 $u_O \approx u_2$。当 u_2 为负半周（$\pi \leq \omega t \leq 2\pi$）时，二极管 D 因反偏而截止，$i_O \approx 0$，因此，输出电压 $u_O \approx 0$，此时 u_2 全部加在二极管两端，即二极管承受反向电压 $u_D \approx u_2$。

u_2、u_O、i_O、u_D 的波形如图8-2（b）所示，由图可知，负载上得到单方向的脉动电压，由于该电路只在 u_2 的正半周有输出，所以称为半波整流电路。

半波整流电路输出电压的平均值 U_O 为：

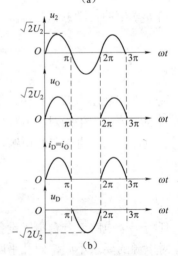

图 8-2 半波整流电路及其波形

（a）电路；（b）工作波形

$$U_O = \frac{1}{2\pi}\int_0^{2\pi} u_O \mathrm{d}(\omega t) = \frac{1}{2\pi}\int_0^{\pi} \sqrt{2}U_2\sin(\omega t)\mathrm{d}(\omega t) = \frac{\sqrt{2}}{\pi}U_2 = 0.45U_2 \qquad (8-1)$$

流过二极管的平均电流 I_D 为：

$$I_D = I_O = U_O/R_L = 0.45U_2/R_L \qquad (8-2)$$

二极管承受的反向峰值电压 U_{RM} 为：

$$U_{RM} = \sqrt{2}\,U_2 \qquad (8-3)$$

半波整流电路结构简单，使用元件少，但整流效率低，输出电压脉动大，因此，它只适用于要求不高的场合。

二、单相桥式整流电路

由于全波整流电路需要特制的变压器，制作起来比较麻烦，于是出现了一种桥式整流电路，如图8-3（a）所示，其简化电路如图8-3（b）所示。这种整流电路使用普通的变压器，但是比全波整流多用了两个整流二极管。由于四个整流二极管连接成电桥形式，所以称这种整流电路为桥式整流电路。

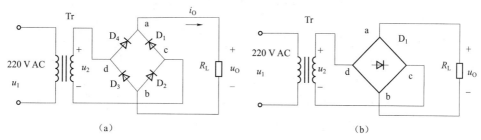

图8-3 桥式整流电路

（a）电路图；（b）简化电路

设变压器二次电压 $u_2=\sqrt{2}\,U_2\sin\omega t$。由图8-3可以看出在 u_2 正半周，即 d 点为正，c 点为负时，整流二极管 D_4 和 D_2 承受正向电压而导通，电流由变压器 Tr 次级上端经过 D_4、a、R_L、b、D_2、c，回到变压器 Tr 次级下端，电流流向如图8-4（a）所示；此时 D_1 和 D_3 因反偏而截止，负载 R_L 上得到一个半波电压，如图8-5中的 $0\sim\pi$ 段所示。若略去二极管的正向压降，则 $u_D\approx u_2$。

由图8-3可以看出在 u_2 的负半周时，Tr 次级下端为正，上端为负，整流二极管 D_4 和 D_2 因反偏而截止，D_1 和 D_3 导通，电流由变压器 Tr 次级下端经过 D_1、R_L、D_3、d，回到变压器 Tr 次级上端，电流流向如图8-4（b）所示。这时 R_L 上得到一个与 $0\sim\pi$ 段相同的半波电压，如图8-5中的 $\pi\sim2\pi$ 段所示，若略去二极管的正向压降，则 $u_D\approx-u_2$。

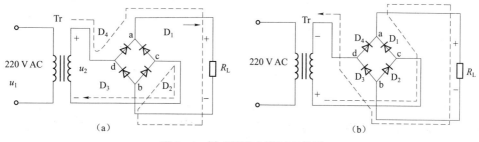

图8-4 桥式整流电路原理分析

由此可见，在交流电压 u_2 的整个周期始终有同方向的电流流过负载电阻 R_L，故 R_L 上得到单方向全波脉动的直流电压。可见，桥式整流电路输出电压为半波整流电路输出电压的2倍，所以桥式整流电路输出电压平均值为：

$$U_O=2\times0.45U_2=0.9U_2 \qquad (8\text{-}4)$$

桥式整流电路中，由于每两只二极管只导通半个周期，

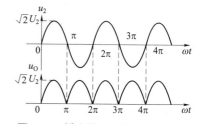

图8-5 桥式整流电路电压波形图

故流过每只二极管的平均电流仅为负载电流的一半，即

$$I_D = \frac{1}{2} I_O = \frac{1}{2} \frac{U_O}{R_L} = 0.45 \frac{U_2}{R_L} \qquad (8-5)$$

在 u_2 的正半周，D_2、D_4 导通时，可将它们看成短路，这样，D_1、D_3 就并联在 u_2 上，其承受的反向峰值电压为：

$$U_{RM} = \sqrt{2} U_2 \qquad (8-6)$$

同理，D_1、D_3 导通时，D_2、D_4 截止，其承受的反向峰值电压也为 $U_{RM} = \sqrt{2}U_2$。

由以上分析可知，桥式整流电路与半波整流电路相比较，其输出电压 U_O 提高，脉动成分减小了。

三、整流组合元器件

将桥式整流电路的四只二极管制作在一起，封装成为一个器件就称为整流桥，其外形如图8-6所示。a、b 端接交流输入电压，c、d 为直流输出端，c 端为正极性端，d 端为负极性端。

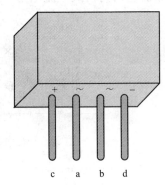

图 8-6　整流桥外形图

8.3.2　滤波与稳压电路

交流电经过二极管整流之后，方向单一了，但是大小（电流强度）还是处在不断地变化之中。这种脉动直流一般是不能直接用来给无线电装供电的。要把脉动直流变成波形平滑的直流，还需要再做一番"填平取齐"的工作，这便是滤波。换句话说，滤波的任务，就是把整流器输出电压中的波动成分尽可能地减小，改造成接近恒稳的直流电。

一、电容滤波电路

电容器是一个储存电能的仓库。在电路中，当有电压加到电容器两端的时候，便对电容器充电，把电能储存在电容器中；当外加电压失去（或降低）之后，电容器将把储存的电能再放出来。充电的时候，电容器两端的电压逐渐升高，直到接近充电电压；放电的时候，电容器两端的电压逐渐降低，直到完全消失。电容器的容量越大，负载电阻值越大，充电和放电所需要的时间越长。这种电容器两端电压不能突变的特性，正好可以来承担滤波的任务。

图8-7（a）是桥式整流电路输出端与负载电阻 R_L 并联一个较大电容 C，构成电容滤波电路。

设电容两端初始电压为0，并假定在 $t=0$ 时接通电路，u_2 为正半周，当 u_2 从0上升时，D_1、D_3 导通，C 被充电，同时电流经 D_1、D_3 向负载电阻供电。如果忽略二极管正向压降和变压器内阻，电容充电时间常数近似为零，因此，$u_O = u_C \approx u_2$，在 u_2 达到最大值时，u_C 也达到最大值，见图8-7（b）中的 a 点，然后 u_2 下降，此时 $u_C > u_2$，D_1、D_3 截止，电容 C 向负载电阻 R_L 放电，由于时间常数 $\tau = R_L C$ 一般较大，电容电压 u_C 按指数规律缓慢下降，当 $u_O(u_C)$ 下降到图8-7（b）中 b 点后，$|u_2| > u_C$，D_2、D_4 导通，电容 C 再次被充电，输出电压增大，以后重复上述充放电过程，便可得到图8-7（b）所示输出电压波形，它近似为一锯齿波直流电压。

由图8-7（b）可见，整流电路接入滤波电容后，不仅使输出电压变得平滑、纹波显著

减小，同时输出电压的平均值也增大了，输出电压平均值 U_O 的大小与滤波电容 C 及负载电阻 R_L 的大小有关，C 的容量一定时，R_L 越大，C 的放电时间常数 τ 就越大，其放电速度越慢输出电压就越平滑，U_O 就越大。当 R_L 开路时，$U_O \approx \sqrt{2}U_2$。为了获得良好的滤波效果，一般取

$$R_L C \geqslant (3 \sim 5)T/2 \tag{8-7}$$

式中，T 为输入交流电压的周期，此时输出电压的平均值近似为：

$$U_O \approx 1.2U_2 \tag{8-8}$$

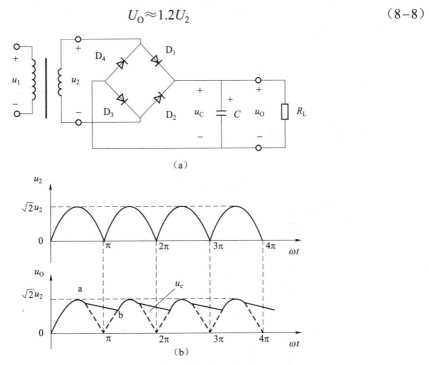

图8-7　桥式整流电容滤波电路及其波形

（a）电路；（b）电压波形

二、电感滤波电路

图8-8是桥式整流电路输出端与负载电阻 R_L 串联一个电感 L，构成电感滤波电路。电感 L 起着阻止负载电流变化使之趋于平直的作用，从整流电路输出的电压中，其直流分量由于电感近似于短路而全部加到负载 R_L 两端，即 $U_O = 0.9U_2$。交流量由于 L 的感抗远大于负载电阻而大部分降在电感 L 上，负载 R_L 上只有很小的交流电压，达到了滤除交流分量的目的。

在桥式整流电路中，在 u_2 正半周时，D_1、D_3 导通，电感中的电流将滞后 u_2 不到 90°。当 u_2 超过 90° 后开始下降，电感上的反电势有助于 D_1、D_3 继续导电。当 u_2 处于负半周时，D_2、D_4 导通，变压器副边电压全部加到 D_1、D_3 两端，致使 D_1、D_3 反偏而截止，此时，电感中的电流将经由 D_2、D_4 提供。由于桥式电路的对称性和电感中电流的连续性，四个二极管 D_1、D_3、D_2、D_4 的导电角 θ 都是 180°，这一点与电容滤波电路不同。电感滤波电路波形图如图8-9所示。

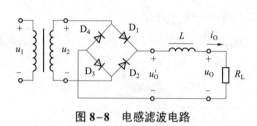

图 8-8　电感滤波电路

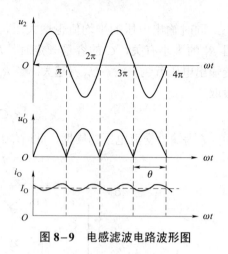

图 8-9　电感滤波电路波形图

8.3.3　稳压二极管稳压电路

经整流滤波后输出的直流电压，虽然平滑程度较好，但其稳定性仍比较差。因此必须经过稳压电路。下面以稳压二极管电路为例来讲解。

一、稳压管稳压电路

利用稳压二极管组成的稳压电路如图8-10 所示，R 为限流电阻，R_L 为稳压电路的负载。当输入电压 U_I、负载 R_L 变化时，该电路可维持输出电压 U_O 的稳定。

由图8-10 可知，当稳压二极管正常稳压工作时，有下述方程式：

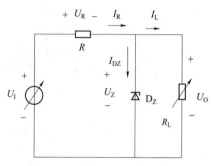

图 8-10　稳压二极管稳压电路

$$U_O = U_I - I_R R = U_Z \qquad (8-9)$$

$$I_R = I_{DZ} + I_L \qquad (8-10)$$

若 R_L 不变，U_I 增大时，U_O 将会随着上升，加于稳压二极管两端的反向电压增大，使电流 I_{DZ} 大大增加，由式（8-10）可知，I_R 也随之显著增大，从而使限流电阻上的压降 $I_R R$ 增大，其结果是，U_I 的增加量绝大部分都降落在限流电阻 R 上，从而使输出电压 U_O 基本维持恒定。反之，U_I 下降时 I_R 减小，R 上压降减小，从而维持 U_O 基本恒定。

若 U_I 不变，负载电阻 R_L 增大（即负载电流 I_L 减小）时，输出电压 U_O 将跟随增大，则流过稳压管的电流 I_{DZ} 大大增加，致使 $I_R R$ 增大，迫使输出电压 U_O 下降。同理，若 R_L 减小，使 U_O 下降，则 I_{DZ} 显著减小，致使 $I_R R$ 减小，迫使 U_O 上升，从而维持了输出电压的稳定。

二、三端集成稳压器

线性集成稳压器中，由于三端式稳压器只有三个引出端子，具有应用时外接元件少、使用方便、性能稳定、价格低廉等优点，因而得到了广泛应用。三端式稳压器有两种，一种输出电压是固定的，称为固定输出三端稳压器。另一种输出电压是可调的，称为可调输出三端稳压器。它们的基本组成及工作原理都相同，均采用串联型稳压电路。所以本节先介绍串联稳压电路的基本工作原理，然后再讨论三端集成稳压器。

1. 串联型稳压电路的工作原理

串联型稳压电路组成框图如图8-11（a）所示，它由调整管、基准电压和比较放大电路等部分组成。由于调整管与负载串联，故称为串联型稳压电路，图8-11（b）所示为串联型稳压电路的原理电路图，图中 T 为调整管，它工作在线性放大区，故又称为线性稳压电路。R_3 和稳压管 D_Z 组成基准电压源，为集成运算放大器 A 的同相输入端提供基准电压，R_1、R_2 和 R_P 组成取样电路，它将稳压电路的输出电压分压后送到集成运算放大器 A 的反向输入端，集成运算放大器 A 构成比较放大电路，用来对取样电压与基准电压的差值进行放大。当输入电压 U_I 增大（或负载电流 I_O 减小）引起输出电压 U_O 增大时，取样电压 U_F 随之增大，U_Z 与 U_F 的差值减小，经 A 放大后使调整管的基极电压 U_B 减小，集电极 I_C 减小，管压降 U_{CE} 增大，输出电压 U_O 减小，从而使得稳压电路的输出电压上升趋势受到抑制，稳定了输出电压。同理，当输入电压 U_I 减小或负载电流 I_O 增大引起 U_O 减小时，电路将产生与上述相反的稳压过程，亦将维持输出电压基本不变。

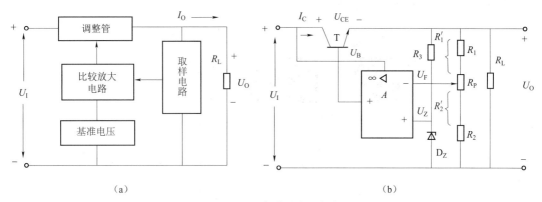

图 8-11　串联型稳压电路

（a）组成框图；（b）原理电路图

由图8-11（b）可得

$$U_F = \frac{U_O R_2'}{R_1 + R_2 + R_P} = U_Z \tag{8-11}$$

从而可得稳压电路输出电压 U_O：

$$U_O = \frac{R_1 + R_2 + R_P}{R_2'} U_Z \tag{8-12}$$

由此可见通过调节电位器 R_P 的滑动端，即可调节输出电压 U_O 的大小。

2. 三端固定输出集成稳压器

三端固定输出集成稳压器通用产品有 CW7800 系列和 CW7900 系列。在使用时，首先要根据输出电压的正、负选择 7800 系列或 7900 系列。7800 系列是正稳压器，7900 系列是负稳压器。它们的输出电压由具体型号中的后面两个数字代表，分别是+5～+24 V 和 −5～ −24 V。输出电流以 78 或（79）后面所加字母来区分。L 表示 0.1 A，M 表示 0.5 A，无字母表示 1.5 A。例如 CW7805 表示输出电压为+5 V，额定输出电流为 1.5 A。

下面以 CW7800 三端稳压器为例进行介绍。

CW7800 为固定输出式稳压器，其输出电压有 5 V、6 V、9 V、12 V、15 V、18 V、24 V 等挡级。最后两位数表示输出电压值。

三端集成稳压器的输出电流有大、中、小之分，并分别用不同符号表示。

输出为小电流,代号为 "L"。例如,78L××,最大输出电流为 0.1 A。

输出为中电流,代号为 "M"。例如,78M××,最大输出电流为 0.5 A。

输出为大电流,代号为 "S"。例如,78S××,最大输出电流为 2 A。

例如:CW7805,表示输出电压为 5 V、最大输出电流为 1.5 A;CW78M05,表示输出电压为 5 V、最大输出电流为 0.5 A;CW78L05,表示输出电压为 5 V、最大输出电流为 0.1 A。

固定输出的三端集成稳压器的三端指输入端、输出端及公共端三个引出端,其外形及符号如图 8-12 所示。固定输出的三端集成稳压器 CW78×× 系列和 CW79×× 系列各有七个品种,输出电压分别为 ±5 V、±6 V、±9 V、±12 V、±15 V、±18 V、±24 V;最大输出电流可达 1.5 A;公共端的静态电流为 8 mA。型号后两位数字为输出电压值。在根据稳定电压值选择稳压器的型号时,要求经整流滤波后的电压要高于三端集成稳压器的输出电压 2~3 V(输出负电压时要低 2~3 V),但不宜过大。

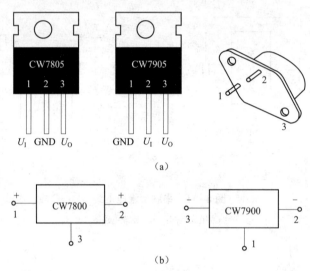

图 8-12 三端固定输出集成稳压器的封装图和符号

(a)封装图;(b)符号

(1)内部电路结构。

图 8-13 是 CW7800 系列集成稳压器内部电路组成框图。由图可见,除增加了一级启动电路外,其余部分与前面所述串联稳压电路完全一样,其基准电压源的稳定性更高、保护电路更完善。

启动电路是集成稳压器中一个特殊环节,它的作用是在 U_I 加入后,帮助稳压器快速建立输出电压 U_O,调整管由复合管构成。取样电路由内部电阻分压器构成,分压比为固定的,所以输出电压是固定的。CW7800 系列稳压器中设有比较完善的保护电路,主要用来保护调整管。它具有过流、过压和过热保护功能。当输出过流或短路时,过流保护电路动作以限制调整管电流的增大;当输入、输出压差较大,即调整管 C、E 之间的压降超过一定值后,过压保护电路动作,自动降低调整管的电流,以限制调整管的功耗,使之处于安全工作区。过热保护电路是集成稳压器独特的保护措施,当芯片温度较低时,过热保护电路不起作用,当芯片温度上升到最大允许值时,保护电路将迫使输出电流减小,芯片功耗随之减少,从而可避免稳压器因过热而损坏。

(2)基本应用电路。

图 8-14 所示为 CW7800 系列集成稳压器的基本应用电路。由于输出电压决定于集成稳

压器，所以图 8-14 输出电压为 12 V，最大输出电流为 1.5 A。为使电路正常工作，要求输入电压 U_I 比输出电压 U_O 至少大 2.5～3 V。输入端电容 C_1 用以抵消输入端较长接线的电感效应，以防止白激振荡，还可抑制电源的高频脉冲干扰，一般取 0.1～1 μF。输出端电容 C_2、C_3 用以改善负载的瞬态响应，消除电路的高频噪声，同时也具有消振作用。D 是保护二极管，用来防止在输入端短路时输出电容 C_3 所存储电荷通过稳压器放电而损坏器件。CW7900 系列的接线与 CW7800 系列基本相同。

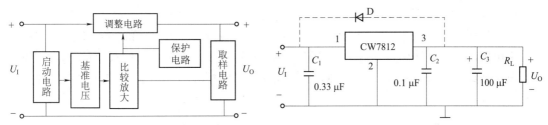

图 8-13　CW7800 集成稳压器内部电路组成框图　　图 8-14　CW7800 系列集成稳压器的基本应用电路

3. 三端可调输出集成稳压器

三端可调输出集成稳压器是在三端固定输出集成稳压器的基础上发展起来的，该集成稳压器不仅输出电压可调，且稳压性能由于固定，被称为第二代三端集成稳压器。同样有正电压输出和负电压输出两类。CW117、CW217、CW317 系列是正电压输出，CW137、CW237、CW337 系列是负电压输出。CW117 及 CW137 系列塑料直插式封装引脚排列如图8-15（a）所示，CW117 系列的原理框图如图8-15（b）所示，CW317、CW337 应用电路如图8-15（c）所示。

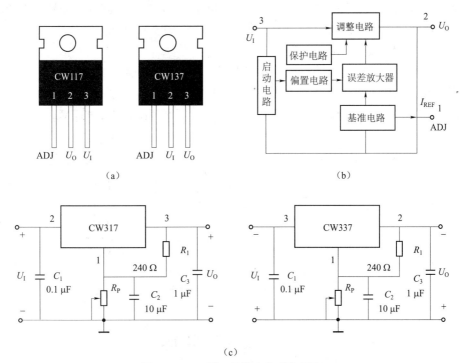

图 8-15　三端可调输出集成稳压器

（a）封装图（b）原理框图（c）基本应用电路

电位器 R_P 和电阻 R_1 组成取样分压器，取样电压送稳压器的调整端 1 脚，改变 R_P，可调节输出电压的大小，输出电压 U_O 在 1.25～37 V 范围内连续可调。

8.4 实践知识——如何使用集成稳压电源

集成稳压器又称稳压电源，有多端可调式、三端可调式、三端固定式及单片开关式集成稳压。最常用的是三端集成稳压器。

1. 三端固定稳压器（见图8-16）

集成稳压器的输出电压为固定值，不能调节。常用产品为78××和79××系列，78×× 输出正电压，79××输出负电压，有 5 V、6 V、9 V、12 V、15 V、18 V、24 V 七种不同的输出电压挡级，输出电流分 1.5 A（78××）、0.5 A（78M××）、0.1 A（78L××）三种挡级。

图 8-16　三端固定稳压器

7900 系列的稳压块其输出电压的挡级值与 7800 系列相同，但其管脚编号与 7800 系列不同。三端稳压块的输出电流按照型号的不同，有 1.5 A、0.5 A、0.1 A 三种。

2. 三端可调稳压器（见图8-17）

三端可调稳压器可输出连续可调的直流电压。常见产品有××117/××217/××317，输出连续可调的正电压，可调范围为 1.2～37 V，最大输出电流分别是 1.5 A、0.5 A、0.1 A；××137/××237/××337，输出连续可调的负电压，可调范围为 1.2～37 V。

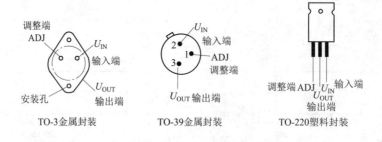

图 8-17　三端可调稳压器

8.5 项 目 实 施

一、分组

将学生进行分组，通常 3～5 人一组，选出小组负责人，下达任务。

二、讲解项目原理及具体要求

稳压电源原理图如图8-18所示。

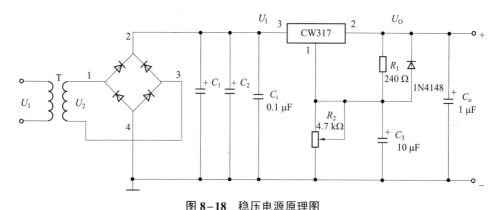

图 8-18　稳压电源原理图

具体任务为:

（1）小组制订工作计划。

（2）识别稳压电源原理图，明确元器件连接和电路连线。

（3）利用 Protel DXP 2004 画出布线图。

（4）完成电路所需元器件的购买与检测。

（5）稳压电源电路的安装与调试。

三、学生具体实施

学生根据项目内容，分组讨论，查阅资料，观看相关视频。在以上过程中，教师要起主导作用，实时指导，并控制项目实施节奏，保证在规定课时内完成该项目。

四、学生展示

学生可以以电子版 PPT 或图片的形式对本组的讨论结果进行展示。

五、评价

项目评价以自评和互评的形式展开，填写项目自评互评表，教师整体对该项目进行总结，对好的进行表扬，差的指出不足。

在项目具体实施过程中，所需项目方案实施计划单、材料工具清单、项目检查单和项目评价单见书后附录 A、B、C、D。

8.6　习题及拓展训练

一、填空题

1. 直流稳压电源一般由_____、_____、_____、_____组成。

2. 桥式整流电容滤波电路的交流输入电压有效值为 U_2，电路参数选择合适，则该整流滤波电路的输出电压 $U_O \approx$ _____，当负载电阻开路时，$U_O \approx$ _____，当滤波电容开路时，$U_O \approx$ _____。

3. 串联型晶体管线性稳压电路主要由_____、_____、_____和_____等四部分组成。

4. 桥式整流和单相半波整流电路相比，在变压器副边电压相同的条件下，_____电路的输出电压平均值高了一倍；若输出电流相同，就每一整流二极管而言，则电路的整流平均电流增大了一倍，采用_____电路，脉动系数可以下降很多。

5. 单相半波整流的缺点是只利用了_____，同时整流电压的脉动较大。为了克服这些缺点一般采用_____。

6. 单相桥式整流电路中，负载电阻为 100 Ω，输出电压平均值为 10 V，则流过每个整流二极管的平均电流为____A。

7. 由理想二极管组成的单相桥式整流电路（无滤波电路），其输出电压的平均值为 9 V，则输入正弦电压有效值应为_____。

8. 单相桥式整流、电容滤波电路如图 8-19 所示。已知 R_L=100 Ω，U_2=12 V，估算 U_O 为_____。

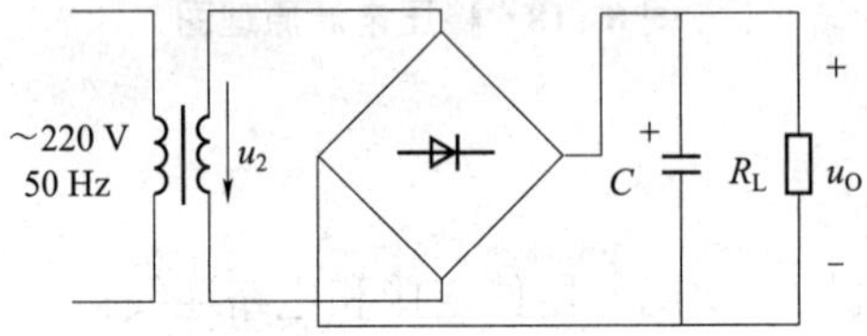

图 8-19　填空题 8 的图

9. 将交流电变为直流电的电路称为_____。

10. CW7812 表示的是_____电压，CW7915 表示的是_____电压。

二、选择题

1. 若桥式整流由两个二极管组成，变压器的副边电压为 U_2，承受最高反向电压为_____。

　A. $\sqrt{2}U_2$　　　　　B. U_2　　　　　C. $2U_2$

2. 单相半波整流电路中，负载为 500 Ω电阻，变压器的副边电压为 12 V，则负载上电压平均值和二极管所承受的最高反向电压为_____。

　A. 5.4 V、17 V　　　B. 5.4 V、12 V　　　C. 9 V、12 V　　　　D. 9 V、17 V

3. 稳压管的稳压区是工作在_____。

　A. 反向击穿区　　　　B. 反向截止区　　　　C. 正向导通区

4. 在桥式整流电路中，负载流过电流 I_O，则每只整流管中的电流 I_D 为_____。

　A. $I_O/2$　　　　　B. I_O　　　　　C. $I_O/4$　　　　　D. U_2

5. 整流的目的是_____。

　A. 将交流变为直流　　　　　　　　B. 将高频变为低频

　C. 将正弦波变为方波

6. 直流稳压电源中滤波电路的目的是_____。

　A. 将交直流混合量中的交流成分滤掉　　　B. 将高频变为低频

　C. 将交流变为直流

7. 在单相桥式整流电路中，若 D_1 开路，则输出_____。

　A. 变为半波整流波形　　　　　　　　B. 变为全波整流波形

C. 无波形且变压器损坏　　　　　　　　D. 波形不变

8. 欲测单相桥式整流电路的输入电压 U_i 及输出电压 U_o，应采用的方法是_____。

A. 用交流电压表测 U_i，用直流电压表测 U_o

B. 用交流电压表分别测 U_i 及 U_o

C. 用直流电压表测 U_i，用交流电压表测 U_o

D. 用直流电压表分别测 U_i 及 U_o

9. 在单相桥式整流（无滤波时）电路中，输出电压的平均值 U_O 与变压器副边电压有效值 U_2 应满足_____关系。

A. $U_O=0.9U_2$ 　　　 B. $U_O=1.4U_2$ 　　　 C. $U_O=0.45U_2$ 　　　 D. $U_O=1.2U_2$

10. 在单相半波整流（无滤波时）电路中，输出电压的平均值 U_O 与变压器副边电压有效值 U_2 应满足_____关系。

A. $U_O=0.45U_2$ 　　　 B. $U_O=1.4U_2$ 　　　 C. $U_O=0.9U_2$ 　　　 D. $U_O=1.2U_2$

11. 在单相桥式整流（有滤波时）电路中，输出电压的平均值 U_O 与变压器副边电压有效值 U_2 应满足_____关系。

A. $U_O=1.2U_2$ 　　　 B. $U_O=1.4U_2$ 　　　 C. $U_O=0.9U_2$ 　　　 D. $U_O=0.45U_2$

12. 在单相半波整流（有滤波时）电路中，输出电压的平均值 U_O 与变压器副边电压有效值 U_2 应满足_____关系。

A. $U_O=1.2U_2$ 　　　 B. $U_O=1.4U_2$ 　　　 C. $U_O=0.9U_2$ 　　　 D. $U_O=0.45U_2$

13. 在单相桥式整流电路中，如果电源变压器二次侧电压为 100 V，则负载电压将是_____。

A. 90 V 　　　　　　　 B. 45 V 　　　　　　　 C. 100 V

14. 在单相半波整流电路中，如果电源变压器二次侧电压为 100 V，则负载电压将是_____。

A. 45 V 　　　　　　　 B. 90 V 　　　　　　　 C. 100 V

15. 下列型号中是线性正电源可调输出集成稳压器的是_____。

A. CW7812 　　　 B. CW7905 　　　 C. CW317 　　　 D. CW137

三、判断题

1. 直流稳压电源是一种能量转换电路，它将交流能量转变为直流能量。（　　　）

2. 桥式整流电容滤波电路中，输出电压中的纹波大小与负载电阻有关，负载电阻越大，输出纹波电压也越大。（　　　）

3. 串联型线性稳压电路中，调整管与负载串联且工作于放大区。（　　　）

四、分析计算题

1. 桥式整流电容滤波电路如图8-20 所示，在电路中出现下列故障，会出现什么现象？（1）R_L 短路；（2）D_1 击穿短路；（3）D_1 极性接反；（4）四只二极管极性都接反。

2. 桥式整流电容滤波电路如图8-19 所示，已知变压器次级电压有效值 $U_2=20$ V，试求：（1）直流输出电压 U_O 的值；（2）二极管承受的最大反向电压；（3）R_L 开路时 U_O 的值；（4）C 开路时 U_O 的值。

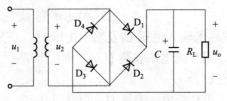

图 8-20 分析计算题 1 的图

五、拓展题

用 CW317 设计一个可调直流电源，要求输出为 ±15 V 的双电源，带过流保护。

项目九 故障监测报警电路的制作

9.1 项 目 目 标

学生完成本项目后可使用门电路设计简单的信号控制电路，会识别和检测集成门电路，初步能应用手册查询集成门电路的功能和引脚。

 知识目标

了解逻辑事件和逻辑代数的概念；掌握表示逻辑函数的几种方法；掌握基本逻辑运算和复合逻辑运算的关系。

 技能目标

能用逻辑关系表示相关逻辑事件；能用真值表、逻辑函数表达式、逻辑图表示逻辑函数。

 情感目标

培养语言表达和解决问题的能力；规范操作和团结协作的能力。

9.2 工 作 情 境

交通信号灯故障检测技术是道路交通信号控制的关键技术之一，该技术直接关系到道路交通的通畅与安全。传统以人工为主的交通灯故障检测已经不能适应当今社会日益增加的交通运输压力。在现有交通信号灯硬件条件的基础上，添加相应的故障监控模块，实现了交通信号灯故障监控系统，它可以对交通信号灯进行实时故障监控。通过本项目的学习，学生能够用最基本的门电路实现对交通信号灯的故障监控。

9.3 理 论 知 识

传递与处理数字信号的电子电路称为数字电路。数字电路有易于用电路来实现、工作可靠、便于保存、通用性强、成本低等一系列优点，数字电路在电子设备或电子系统中得到了越来越广泛的应用，计算机、计算器、电视机、音响系统、视频记录设备、光碟、长途电信及卫星系统等，无一不采用数字系统。

数字电路中传输的信号是时间上和数值上均是离散的信号（相对于模拟信号），如电子表的秒信号、生产流水线上记录零件个数的计数信号等。这些信号的变化发生在一系列离散的瞬间，其值也是离散的。数字信号只有两个离散值，常用数字0和1来表示，注意，这里的

0 和 1 没有大小之分，只代表两种对立的状态，称为逻辑 0 和逻辑 1，也称为二值数字逻辑。

9.3.1 数制与编码

1. 数制

（1）十进制（Decimal）数码为：0～9；基数是 10。

运算规律：逢十进一，即：9+1=10。

十进制数的权展开式：同样的数码在不同的数位上代表的数值不同。

即：$(209.04)_{10}=2×10^2+0×10^1+9×10^0+0×10^{-1}+4×10^{-2}$

（2）二进制（Binary）数码为：0、1；基数是 2。

运算规律：逢二进一，即：1+1=2。

二进制数的权展开式：

如：$(101.01)_2=1×2^2+0×2^1+1×2^0+0×2^{-1}+1×2^{-2}=(5.25)_{10}$

二进制数只有 0 和 1 两个数码，它的每一位都可以用电子元件来实现，且运算规则简单，相应的运算电路也容易实现。

运算规则（加法规则）：

0+0=0，0+1=1，1+0=1，1+1=10

（3）十六进制（Hexadecimal）数码为：0～9、A～F；基数是 16。

运算规律：逢十六进一，即：F+1=16。

十六进制数的权展开式：

如：$(D8.A)_{16}=13×16^1+8×16^0+10×16^{-1}=(216.625)_{10}$

2. 数制间的转换

（1）二进制转换成十进制。

例 9.1 将二进制数 10011.101 转换成十进制数。

解： 将每一位二进制数乘以位权，然后相加，可得

$(10011.101)_B=1×2^4+0×2^3+0×2^2+1×2^1+1×2^0+1×2^{-1}+0×2^{-2}+1×2^{-3}=(19.625)_D$

（2）十进制转换成二进制。

可用"除 2 取余"法将十进制的整数部分转换成二进制。

例 9.2 将十进制数 23 转换成二进制数。

解： 根据"除 2 取余"法的原理，按如下步骤转换：

$$
\begin{array}{r}
2\underline{)23} \quad \cdots\cdots\cdots 余1 \quad b_0 \\
2\underline{)11} \quad \cdots\cdots\cdots 余1 \quad b_1 \\
2\underline{)5} \quad \cdots\cdots\cdots 余1 \quad b_2 \\
2\underline{)2} \quad \cdots\cdots\cdots 余0 \quad b_3 \\
2\underline{)1} \quad \cdots\cdots\cdots 余1 \quad b_4 \\
0
\end{array}
\quad \text{读取次序}
$$

则 $(23)_D=(10111)_B$。

可用"乘2取整"的方法将任何十进制数的纯小数部分转换成二进制数。

（3）二进制转换成十六进制。

由于十六进制基数为16，而$16=2^4$，因此，4位二进制数就相当于1位十六进制数。

因此，可用"4位分组"法将二进制数化为十六进制数。

例9.3 将二进制数1001101.100111转换成十六进制数。

解： $(1001101.100111)_B=(0100\ 1101.1001\ 1100)_B=(4D.9C)_H$

同理，若将二进制数转换为八进制数，可将二进制数分为3位一组，再将每组的3位二进制数转换成一位八进制即可。

（4）十六进制转换成二进制。

由于每位十六进制数对应于4位二进制数，因此，十六进制数转换成二进制数，只要将每一位变成4位二进制数，按位的高低依次排列即可。

例9.4 将十六进制数6E.3A5转换成二进制数。

解： $(6E.3A5)_H=(110\quad 1110.\ 0011\quad 1010\quad 0101)_B$

同理，若将八进制数转换为二进制数，只需将每一位变成3位二进制数，按位的高低依次排列即可。

（5）十六进制转换成十进制。

可由"按权相加"法将十六进制数转换为十进制数。

例9.5 将十六进制数7A.58转换成十进制数。

解： $(7A.58)_H=7\times16^1+10\times16^0+5\times16^{-1}+8\times16^{-2}=112+10+0.312\ 5+0.031\ 25=(122.343\ 75)_D$

3. 编码

由于数字系统是以二值数字逻辑为基础的，因此数字系统中的信息（包括数值、文字、控制命令等）都是用一定位数的二进制码表示的，这个二进制码称为代码。二进制编码方式有多种，二-十进制码，又称BCD码（Binary-Coded-Decimal），是其中一种常用的码。

BCD码——用二进制代码来表示十进制的0~9十个数。

要用二进制代码来表示十进制的0~9十个数，至少要用4位二进制数。4位二进制数有16种组合，可从这16种组合中选择10种组合分别来表示十进制的0~9十个数。选哪10种组合，有多种方案，这就形成了不同的BCD码。具有一定规律的常用的BCD码见表9-1。

表9-1　常用BCD码

十进制数	8421码	2421码	5421码	余三码
0	0000	0000	0000	0011
1	0001	0001	0001	0100
2	0010	0010	0010	0101
3	0011	0011	0011	0110
4	0100	0100	0100	0111
5	0101	1011	1000	1000
6	0110	1100	1001	1001

续表

十进制数	8421 码	2421 码	5421 码	余三码
7	0 1 1 1	1 1 0 1	1 0 1 0	1 0 1 0
8	1 0 0 0	1 1 1 0	1 0 1 1	1 0 1 1
9	1 0 0 1	1 1 1 1	1 1 0 0	1 1 0 0
位权	8 4 2 1	2 4 2 1	5 4 2 1	无权
	$b_3b_2b_1b_0$	$b_3b_2b_1b_0$	$b_3b_2b_1b_0$	

注意，BCD 码用 4 位二进制码表示的只是十进制数的一位。如果是多位十进制数，应先将每一位用 BCD 码表示，然后组合起来。

例 9.6 将十进制数 83 分别用 8421 码、2421 码和余 3 码表示。

解： 由表9-1 可得：

$(83)_D=(1000\ 0011)_{8421}$

$(83)_D=(1110\ 0011)_{2421}$

$(83)_D=(1011\ 0110)_{余3}$

9.3.2 基本逻辑关系

数字电路实现的是逻辑关系。逻辑关系是指某事物的条件（或原因）与结果之间的关系，逻辑关系常用逻辑函数来描述。

一、基本逻辑运算

逻辑代数中只有三种基本运算：与、或、非。

（一）与运算

与运算——只有当决定一件事情的条件全部具备之后，这件事情才会发生。我们把这种因果关系称为与逻辑。

（1）可以用列表的方式表示上述逻辑关系，称为真值表，如图 9-1（b）所示。

（2）如果用二值逻辑 0 和 1 来表示，并设 1 表示开关闭合或灯亮；0 表示开关不闭合或灯不亮，则得到如图 9-1（c）所示的表格，称为逻辑真值表。

（3）若用逻辑表达式来描述，则可写为 $L=A\cdot B$。

（4）与运算的规则为："输入有 0，输出为 0；输入全 1，输出为 1"。

（5）在数字电路中能实现与运算的电路称为与门电路，其逻辑符号如图 10.1（d）所示。与运算可以推广到多变量：$L=A\cdot B\cdot C\cdots$。

（二）或运算

或运算——当决定一件事情的几个条件中，只要有一个或一个以上条件具备，这件事情就会发生。我们把这种因果关系称为或逻辑。

或运算的真值表如图 9-2（b）所示，逻辑真值表如图 9-2（c）所示。若用逻辑表达式来描述，则可写为

$$L=A+B$$

或运算的规则为："输入有 1，输出为 1；输入全 0，输出为 0"。

在数字电路中能实现或运算的电路称为或门电路，其逻辑符号如图 9-2（d）所示。或运算也可以推广到多变量：$L=A+B+C+\cdots$。

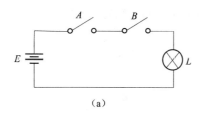

开关A	开关B	灯L
不闭合	不闭合	不亮
不闭合	闭合	不亮
闭合	不闭合	不亮
闭合	闭合	亮

（b）

A	B	L
0	0	0
0	1	0
1	0	0
1	1	1

（c）

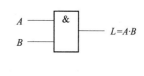

（d）

图 9-1　与逻辑运算

（a）电路图；（b）真值表；（c）逻辑真值表；（d）逻辑符号

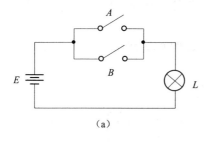

开关A	开关B	灯L
不闭合	不闭合	不亮
不闭合	闭合	亮
闭合	不闭合	亮
闭合	闭合	亮

（b）

A	B	$L=A+B$
0	0	0
0	1	1
1	0	1
1	1	1

（c）

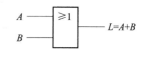

（d）

图 9-2　或逻辑运算

（a）电路图；（b）真值表；（c）逻辑真值表；（d）逻辑符号

（三）非运算

非运算——某事件发生与否，仅取决于一个条件，而且是对该条件的否定。即条件具备时事情不发生；条件不具备时事情才发生。

例如图 9-3（a）所示的电路，当开关 A 闭合时，灯不亮；而当 A 不闭合时，灯亮。其真值表如图 9-3（b）所示，逻辑真值表如图 9-3（c）所示。若用逻辑表达式来描述，则可写为：$L=\bar{A}$。

非运算的规则为：$\bar{0}=1$；$\bar{1}=0$。

在数字电路中实现非运算的电路称为非门电路，其逻辑符号如图9-3（d）所示。

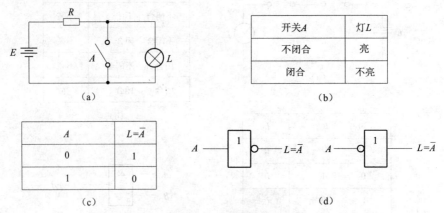

图9-3　非逻辑运算

（a）电路图；（b）真值表；（c）逻辑真值表；（d）逻辑符号

（四）其他常用逻辑运算

任何复杂的逻辑运算都可以由这三种基本逻辑运算组合而成。在实际应用中为了减少逻辑门的数目，使数字电路的设计更方便，还常常使用其他几种常用逻辑运算。

1. 与非运算

与非运算是由与运算和非运算组合而成，如图9-4所示。

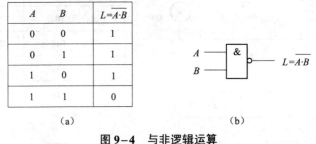

图9-4　与非逻辑运算

（a）逻辑真值表；（b）逻辑符号

2. 或非运算

或非运算是由或运算和非运算组合而成，如图9-5所示。

A	B	$L=\overline{A+B}$
0	0	1
0	1	0
1	0	0
1	1	0

（a）

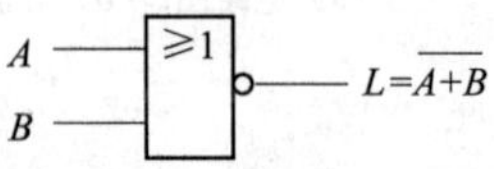

A ——[≥1]○—— $L=\overline{A+B}$
B ——

（b）

图9-5　或非逻辑运算

（a）逻辑真值表；（b）逻辑符号

3. 异或运算

异或运算是一种二变量逻辑运算，当两个变量取值相同时，逻辑函数值为 0；当两个变量取值不同时，逻辑函数值为1。异或的逻辑真值表和相应逻辑门的符号如图 9-6 所示。

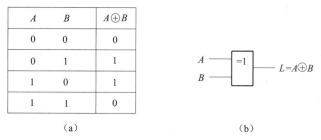

A	B	$A \oplus B$
0	0	0
0	1	1
1	0	1
1	1	0

（a）   （b）

图 9-6　异或逻辑运算

（a）逻辑真值表；（b）逻辑符号

9.3.3　逻辑函数的运算

一、建立逻辑函数

描述逻辑关系的函数称为逻辑函数，前面讨论的与、或、非、与非、或非、异或都是逻辑函数。逻辑函数是从生活和生产实践中抽象出来的，但是只有那些能明确地用"是"或"否"作出回答的事物，才能定义为逻辑函数。

例 9.7　三个人表决一件事情，结果按"少数服从多数"的原则决定，试建立该逻辑函数。

解：第一步，设置自变量和因变量。将三人的意见设置为自变量 A、B、C，并规定只能有同意或不同意两种意见。将表决结果设置为因变量 L，显然也只有两种情况。

第二步，状态赋值。对于自变量 A、B、C，设同意为逻辑"1"，不同意为"0"。对于因变量 L，设事情通过为逻辑"1"，没通过为逻辑"0"。

第三步，根据题意及上述规定列出函数的真值表，如表9-2所示。

由真值表可以看出，当自变量 A、B、C 取确定值后，因变量 L 的值就完全确定了。所以，L 就是 A、B、C 的函数。A、B、C 常称为输入逻辑变量，L 称为输出逻辑变量。

一般地说，若输入逻辑变量 A、B、C、… 的取值确定以后，输出逻辑变量 L 的值也唯一地确定了，就称 L 是 A、B、C、… 的逻辑函数，写作：

$$L = f(A, B, C, \cdots)$$

逻辑函数与普通代数中的函数相比较，有两个突出的特点：

（1）逻辑变量和逻辑函数只能取两个值 0 和 1。

（2）函数和变量之间的关系是由"与""或""非"三种基本运算决定的。

表 9-2　例 9.7 的真值表

A	B	C	L
0	0	0	0
0	0	1	0
0	1	0	0
0	1	1	1

A	B	C	L
1	0	0	0
1	0	1	1
1	1	0	1
1	1	1	1

二、逻辑函数的表示方法

一个逻辑函数有四种表示方法，即真值表、函数表达式、逻辑图和卡诺图。这里先介绍前三种。

（一）真值表

真值表是将输入逻辑变量的各种可能取值和相应的函数值排列在一起而组成的表格。为避免遗漏，各变量的取值组合应按照二进制递增的次序排列。

真值表的特点：

（1）直观明了。输入变量取值一旦确定后，即可在真值表中查出相应的函数值。

（2）把一个实际的逻辑问题抽象成一个逻辑函数时，使用真值表是最方便的。所以，在设计逻辑电路时，总是先根据设计要求列出真值表。

（3）真值表的缺点是，当变量比较多时，表比较大，显得过于烦琐。

（二）函数表达式

函数表达式就是由逻辑变量和"与""或""非"三种运算符号所构成的表达式。

由真值表可以转换为函数表达式，方法为：在真值表中依次找出函数值等于1的变量组合，变量值为1的写成原变量，变量值为0的写成反变量，把组合中各个变量相乘。这样，对应于函数值为1的每一个变量组合就可以写成一个乘积项。然后，把这些乘积项相加，就得到相应的函数表达式了。例如，用此方法可以直接由表9-2写出"三人表决"函数的逻辑表达式：

$$L = \overline{A}BC + A\overline{B}C + AB\overline{C} + ABC$$

反之，由表达式也可以转换成真值表，方法为：画出真值表的表格，将变量及变量的所有取值组合按照二进制递增的次序列入表格左边，然后按照表达式，依次对变量的各种取值组合进行运算，求出相应的函数值，填入表格右边对应的位置，即得真值表。

例 9.8 列出函数 $L = A \cdot B + \overline{A} \cdot \overline{B}$ 的真值表。

解： 该函数有两个变量，有 4 种取值的可能组合，将他们按顺序排列起来即得真值表，如表9-3所示。

表 9-3　$L = A \cdot B + \overline{A} \cdot \overline{B}$ 的真值表

A	B	L
0	0	1
0	1	0
1	0	0
1	1	1

（三）逻辑图

逻辑图就是由逻辑符号及它们之间的连线而构成的图形。

由函数表达式可以画出其相应的逻辑图。

例 9.9 画出逻辑函数 $L = A \cdot B + \overline{A} \cdot \overline{B}$ 的逻辑图。

解： 逻辑函数 $L = A \cdot B + \overline{A} \cdot \overline{B}$ 的逻辑图如图 9-7 所示。

由逻辑图也可以写出其相应的函数表达式。

例 9.10 写出如图 9-8 所示逻辑图的函数表达式。

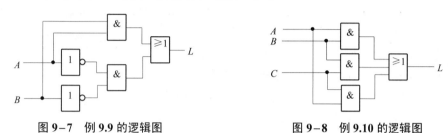

图 9-7 例 9.9 的逻辑图	图 9-8 例 9.10 的逻辑图

解： 该逻辑图是由基本的"与""或"逻辑符号组成的，可由输入至输出逐步写出逻辑表达式： $L = AB + BC + AC$ 。

9.4 实践知识——元器件的插装方法及线路安装工艺

9.4.1 电子元器件安装的基本知识

电子元器件是组成电子产品的基础，了解电子元器件的安装工艺是衡量学生掌握电子技术基本技能的一个重要项目，也是学生参加工作所必须掌握的技能。通过本实训，要求学生基本掌握常用电子元器件的安装工艺。

电子元件的引线整形：电子元件在安装到电路板上时，必须事先对元件的引脚进行整形，以适应电路安装的需要。

电子元器件的引线成型：主要是为了使元器件的安装尺寸满足印制电路板上元件安装孔尺寸的要求。由机器自动组装元器件时元器件的引线形状需要单独进行加工。集成电路的引线有单列直插式和双列直插式。

1. 电子元器件引线成型的方法

元器件的引线成型一般采用模具手工成型。成型模具依元件形状的不同而不同。在模具的垂直方向开有供插入元件引线的条形孔隙，将引线从上方插入孔隙后，再插入插杆，即可将引线弯成所需的形状。用模具成型的元件引线形状的一致性较好。对个别元器件的引线成型不便于使用模具时，也可用尖嘴钳加工引线。当印制电路板上的焊点孔距不合适时，元件引线一般采用加弯曲半径的方法来解决。

2. 电子元器件的插装方法

电子元器件的插装是指将已经加工成型的元器件的引线垂直插入印制电路板的焊孔。

（1）手工插装。

手工插装多用于小批量生产或电路实验。手工插装有两种形式：一人插装、多人插装即流水线作业。

（2）自动插装。

自动插装用于工厂的大批量生产。自动插装是采用先进的元件自动插装机来安装元器件，设计者要根据元器件在印制板图上的位置，编出相应的程序来控制自动插装机的插装工作。它具有以下优点：

① 将插入的元器件引线自动打弯，牢固地固定在印制板上。

② 消除了手工的误插、漏插，提高了产品质量和生产效率。

③ 对于特殊薄小的新型集成电路，可采用更先进的贴装技术进行安装，即用元件贴装机将元器件粘贴在电路板上。

3. 电子元器件插装的原则

（1）插装的顺序：先低后高，先小后大，先轻后重。

（2）元器件的标识：电子元器件的标记和色码部位应朝上，以便于辨认；横向插件的数值读法应从左至右，而竖向插件的数值读法则应从下至上。

（3）元器件的间距：印制板上的元器件之间的距离不能小于 1 mm；引线间距要大于 2 mm。一般元器件应紧密安装，使器件贴在印制板上，紧贴的容限在 0.5 mm 左右。符合以下情况的元器件不宜紧密贴装，而需浮装：轴向引线需要垂直插装的；一般元器件距印制板 3～7 mm 的；发热量大的元器件（大功率电阻等）；受热后性能易变坏的器件。

4. 大型元器件的插装方法

形状较大、重量较重的元器件如变压器、大电解电容、磁棒等，在插装时一定要用金属固定件或塑料固定架加以固定。采用金属固定件固定时，应在元件与固定件间加垫聚氯乙烯或黄蜡绸，最好用塑料套管防止损坏元器件和增加绝缘，金属固定件与印制板之间要用螺钉连接，并需加弹簧垫圈以防因振动使螺母松脱。采用塑料支架固定元件时，先将塑料固定支架插装到印制板上，再从板的反面对其加热，使支架熔化而固定在印制板上，最后再装上元器件。

9.4.2　元件插件工艺及检测标准

1. 卧式（HT）插元件

卧式插元件主要是小功率、低容量、低电压的电阻、电容、电感、跳线、二极管、IC 等。PCBA 上的组装工艺要求和接收标准如下：

功率小于 1 W 的电阻、电容（低电压、小容量的陶瓷材料）、电感、二极管、IC 等元件平行于 PCB 板面且紧贴 PCB 板面；耗散功率大于或等于 1 W 的元件，元件体平行于 PCB 板面且与 PCB 板面之间的距离 $D \geqslant 1.5$ mm，如图 9-9 所示。

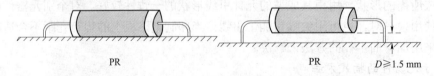

图 9-9　卧式插元件

2. 立式（VT）插元件

轴向（AX）元件其元件体与 PCB 板面之间的高度 H 在 0.4～1.5 mm 之间，且元件体垂直于 PCB 板面；引脚无封装元件，元件体引脚面平行于 PCB 板面，元件引脚垂直于 PCB 板面，且元件体与 PCB 板面间距离为 0.25～2.0 mm，如图 9-10 所示。

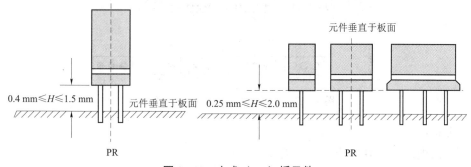

图 9-10 立式（VT）插元件

3. 插式元件焊锡点工艺及检查标准

单面板焊锡点对于插式元件有两种情形：元件插入基板后需曲脚的焊锡点；元件插入基板后无须曲脚的焊锡点。

标准单面板焊锡点的外观特点：焊锡与铜片、焊接面、元件引脚完全融合在一起，且可明显看见元件脚，锡点表面光滑、细腻、发亮，焊锡将整个铜片焊接面完全覆盖，焊锡与基板面角度 $Q<90°$；双面板焊锡点同单面板焊锡点相比有许多的不同点，双面板之 PAD 位面积（外露铜片焊接面积）较小，双面板每一个焊点 PAD 位都是镀铜通孔。鉴于此两点，双面板焊锡点在插元件焊接过程及维修过程就会有更高要求，其焊锡点工艺检查标准就更高。

标准焊锡点之外观特点：焊锡与元件脚、通孔铜片焊接面完全融合在一起，且焊点面元件脚明显可见；元件面和焊点面的焊锡点表面光滑、细腻、发亮；焊锡将两面的 PAD 位及通孔内面 100%覆盖，且锡点与板面角度 $Q<90°$，标准焊锡点如图 9-11 所示。

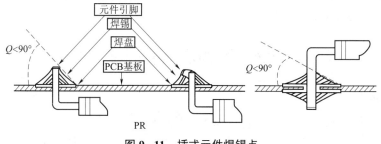

图 9-11 插式元件焊锡点

9.5 项 目 实 训

一、分组

将学生进行分组，通常 3～5 人一组，选出小组负责人，下达任务。

二、讲解项目原理及具体要求

设计一个交通信号灯的故障监控电路。每组信号灯均由红、黄、绿三盏灯组成，正常工作情况下，任何时刻只有一盏灯点亮，而且只允许有一盏灯点亮。而当出现其他 5 种点亮状态时，电路发生故障，这时要求发出故障信号，来提醒维护人员前去修理。

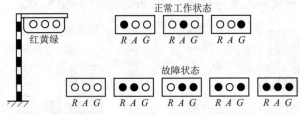

图9-12 交通信号灯故障报警示意图

具体要求：

（1）画出电路图，并标明具体参数。

（2）选择具体元器件，连接电路。

（3）对电路进行测量，使用示波器记录输出波形。

三、学生具体实施

学生根据项目内容，分组讨论，查阅资料，给出总体设计方案，到实验实训室进行相关测量实验。在以上过程中，教师要起主导作用，实时指导，并控制项目实施节奏，保证在规定课时内完成该项目。

四、学生展示

学生可以以电子版PPT、图片或成品的形式对本组的项目实施方案进行阐述，对项目实施成果进行展示。

五、评价

项目评价以自评和互评的形式展开，填写项目自评互评表，教师整体对该项目进行总结，对好的进行表扬，差的指出不足。

在项目具体实施过程中，所需项目方案实施计划单、材料工具清单、项目检查单和项目评价单见书后附录A、B、C、D。

9.6　习题及拓展训练

一、选择题

1. 一位十六进制数可以用＿＿＿＿＿位二进制数来表示。

A. 1　　　　　　　B. 2　　　　　　　C. 4　　　　　　　D. 16

2. 十进制数25用8421BCD码表示为＿＿＿＿＿。

A. 10101　　　　　B. 00100101　　　　C. 100101　　　　　D. 10101

3. 与十进制数$(53.5)_{10}$等值的数或代码为＿＿＿＿＿。

A. $(0101\ 0011.0101)_{8421BCD}$　　　　　　B. $(35.8)_{16}$

C. $(110101.1)_2$　　　　　　　　　　　　D. $(65.4)_8$

4. 与八进制数$(47.3)_8$等值的数为＿＿＿＿＿：

A. $(100111.011)_2$　　B. $(27.6)_{16}$　　　C. $(27.3)_{16}$　　　D. $(100111.11)_2$

5. 与模拟电路相比，数字电路主要的优点有＿＿＿＿＿。

A. 容易设计　　　　B. 通用性强　　　　C. 保密性好　　　　D. 抗干扰能力强

6. 逻辑变量的取值 1 和 0 可以表示：_____。

A. 开关的闭合、断开   B. 电位的高、低

C. 真与假   D. 电流的有、无

7. 当逻辑函数有 n 个变量时，共有_____个变量取值组合？

A. n B. $2n$ C. n^2 D. 2^n

8. 逻辑函数的表示方法中具有唯一性的是_____。

A. 真值表   B. 表达式   C. 逻辑图   D. 卡诺图

9. $F = A\bar{B} + BD + CDE + \bar{A}D = $_____。

A. $A\bar{B} + D$ B. $(A + \bar{B})D$

C. $(A + D)(\bar{B} + D)$ D. $(A + D)(B + \bar{D})$

10. 逻辑函数 $F = A \oplus (A \oplus B) = $_____。

A. B B. A C. $A \oplus B$ D. $\overline{A \oplus B}$

11. 求一个逻辑函数 F 的对偶式，可将 F 中的_____。

A. "·" 换成 "+"，"+" 换成 "·"

B. 原变量换成反变量，反变量换成原变量

C. 变量不变

D. 常数中 "0" 换成 "1"，"1" 换成 "0"

E. 常数不变

12. $A + BC = $_____。

A. $A + B$ B. $A + C$ C. $(A + B)(A + C)$ D. $B + C$

13. 在_____输入情况下，"与非" 运算的结果是逻辑 0。

A. 全部输入是 0   B. 任一输入是 0   C. 仅一输入是 0   D. 全部输入是 1

二、填空题

1. 在数字电路中，常用的计数制除十进制外，还有_____、_____、_____。

2. 常用的 BCD 码有_____、_____、_____、_____等。常用的可靠性代码有_____、_____等。

3. $(10110010.1011)_2 = ($ $)_8 = ($ $)_{16}$。

4. $(35.4)_8 = ($ $)_2 = ($ $)_{10} = ($ $)_{16} = ($ $)_{8421BCD}$。

5. $(39.75)_{10} = ($ $)_2 = ($ $)_8 = ($ $)_{16}$。

6. $(5E.C)_{16} = ($ $)_2 = ($ $)_8 = ($ $)_{10} = ($ $)_{8421BCD}$。

7. 逻辑代数又称为_____代数。最基本的逻辑关系有_____、_____、_____三种。

8. 逻辑函数的常用表示方法有_____、_____、_____。

9. 逻辑函数 $F = \bar{A} + B + \bar{C}D$ 的反函数 $\bar{F} = $_____。

10. 逻辑函数 $F = \bar{A}\bar{B}\bar{C}\bar{D} + A + B + C + D = $_____。

三、思考题

1. 在数字系统中为什么要采用二进制？

2. 格雷码的特点是什么？为什么说它是可靠性代码？

3. 逻辑代数与普通代数有何异同？

4. 逻辑函数的三种表示方法如何相互转换？

项目十 抢答器的设计与仿真

10.1 项 目 目 标

 知识目标

正确理解组合逻辑电路的分析步骤；掌握编码器的设计方法、集成编码器的功能和使用方法；熟练掌握译码器的工作原理及使用；熟练掌握数据选择器的工作原理及使用。

 技能目标

掌握加法器的功能和设计方法；掌握数值比较器的功能。

 情感目标

培养语言表达和解决问题的能力；规范操作及团结协作的能力。

10.2 工 作 情 境

智力竞赛是一种生动活泼的教育方式，通过抢答和必答两种答题方式能引起参赛者和观众的极大兴趣，并且能在极短的时间内，使人们迅速增加一些科学知识和生活常识。利用本项目学习的 D 触发器和或非门也可实现抢答器功能。

10.3 理 论 知 识

10.3.1 组合逻辑电路的分析与设计

组合逻辑电路是数字电路中最简单的一类逻辑电路，其特点是功能上无记忆，结构上无反馈。即电路任一时刻的输出状态只决定于该时刻各输入状态的组合，而与电路的原状态无关。

一、组合逻辑电路的特点

（1）从功能上来说任意时刻的输出仅取决于该时刻的输入。

（2）从电路结构上来说不含记忆（存储）元件。

二、组合逻辑电路功能的描述

组合逻辑电路功能的描述如图 10-1 所示。

组合逻辑电路框图

$$\left.\begin{aligned} y_1 &= f_1(a_1, a_2, \cdots, a_n) \\ y_2 &= f_2(a_1, a_2, \cdots, a_n) \\ &\cdots \\ y_m &= f_m(a_1, a_2, \cdots, a_n) \end{aligned}\right\} \Rightarrow Y = F(A)$$

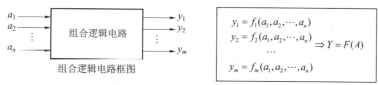

图 10－1　组合逻辑电路功能的描述

三、组合逻辑电路的分析

组合逻辑电路的分析方法如图 10–2 所示。

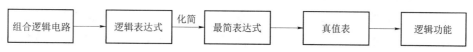

图 10－2　组合逻辑电路的分析方法

例 10.1　组合电路如图 10–3 所示，分析该电路的逻辑功能。

图 10－3　例 10.1 的电路图

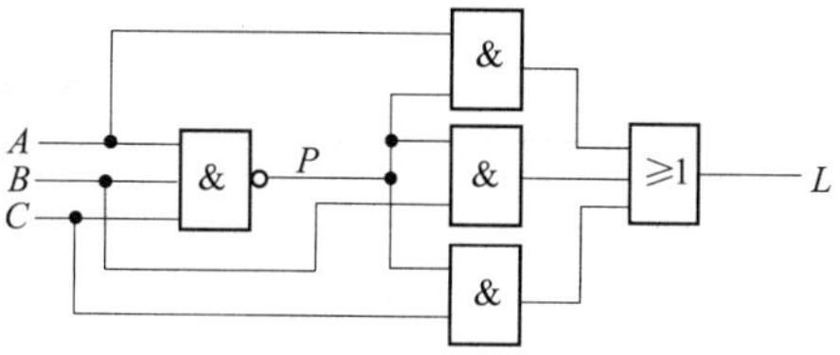

解：（1）由逻辑图逐级写出逻辑表达式。为了写表达式方便，借助中间变量 P：

$$P = \overline{ABC}$$

$$L = AP + BP + CP = A\overline{ABC} + B\overline{ABC} + C\overline{ABC}$$

（2）化简与变换。因为下一步要列真值表，所以要通过化简与变换，使表达式有利于列真值表，一般应变换成与或式或最小项表达式。

$$L = \overline{ABC}(A + B + C) = \overline{ABC + \overline{A + B + C}} = \overline{ABC + \bar{A}\bar{B}\bar{C}}$$

（3）由表达式列出真值表，见表 10–1。经过化简与变换的表达式为两个最小项之和的非，所以很容易列出真值表。

（4）分析逻辑功能。

由真值表可知，当 A、B、C 三个变量不一致时，电路输出为“1”，所以这个电路称为“不一致电路”。

上例中输出变量只有一个，对于多输出变量的组合逻辑电路，分析方法完全相同。

表 10－1　例 10.1 的真值表

A　B　C	L
0　0　0	0
0　0　1	1
0　1　0	1
0　1　1	1
1　0　0	1
1　0　1	1
1　1　0	1
1　1　1	0

四、组合逻辑电路的设计

组合逻辑电路的基本设计步骤如图 10–4 所示。

图 10-4 组合逻辑电路的基本设计步骤

组合逻辑电路的设计一般应以电路简单、所用器件最少为目标，并尽量减少所用集成器件的种类，因此在设计过程中要用到前面介绍的代数法等来化简或转换逻辑函数。

例 10.2 设计一个三人表决电路，结果按"少数服从多数"的原则决定。

解：（1）根据设计要求建立该逻辑函数的真值表。

设三人的意见为变量 A、B、C，表决结果为函数 L。对变量及函数进行如下状态赋值：对于变量 A、B、C，设同意为逻辑"1"，不同意为逻辑"0"。对于函数 L，设事情通过为逻辑"1"，没通过为逻辑"0"。

列出真值表如表 10-2 所示。

表 10-2 例 10.2 的真值表

A　B　C	L
0　0　0	0
0　0　1	0
0　1　0	0
0　1　1	1
1　0　0	0
1　0　1	1
1　1　0	1
1　1　1	1

（2）由真值表写出逻辑表达式：$L = \overline{A}BC + A\overline{B}C + AB\overline{C} + ABC$

该逻辑式不是最简式。

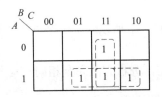

图 10-5 例 10.2 的卡诺图

（3）化简。由于卡诺图化简法较方便，故一般用卡诺图进行化简。将该逻辑函数填入卡诺图，如图 10-5 所示。合并最小项，得最简与或表达式：$L = AB + BC + AC$

（4）画出逻辑图，如图 10-6 所示。

如果要求用与非门实现该逻辑电路，就应将表达式转换成与非－与非表达式：

$$L = AB + BC + AC = \overline{\overline{AB} \cdot \overline{BC} \cdot \overline{AC}}$$

画出逻辑图如图 10-7 所示。

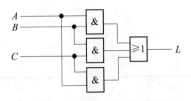

图 10-6 例 10.2 的逻辑图

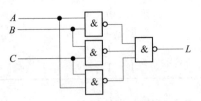

图 10-7 例 10.2 用与非门实现的逻辑图

10.3.2 编码器

编码——将字母、数字、符号等信息编成一组二进制代码。

一、键控 8421BCD 码编码器

表 10-3 左端的十个按键 $S_0 \sim S_9$ 代表输入的十个十进制数符号 $0 \sim 9$,输入为低电平有效,即某一按键按下,对应的输入信号为 0。输出对应的 8421 码,为 4 位码,所以有 4 个输出端 A、B、C、D。

由真值表写出各输出的逻辑表达式为:

$$A = \overline{S_8} + \overline{S_9} = \overline{S_8 S_9}$$

$$B = \overline{S_4} + \overline{S_5} + \overline{S_6} + \overline{S_7} = \overline{S_4 S_5 S_6 S_7}$$

$$C = \overline{S_2} + \overline{S_3} + \overline{S_6} + \overline{S_7} = \overline{S_2 S_3 S_6 S_7}$$

$$D = \overline{S_1} + \overline{S_3} + \overline{S_5} + \overline{S_7} + \overline{S_9} = \overline{S_1 S_3 S_5 S_7 S_9}$$

表 10-3　键控 8421BCD 码编码器真值表

输　　入										输　　出				
S_9	S_8	S_7	S_6	S_5	S_4	S_3	S_2	S_1	S_0	A	B	C	D	GS
1	1	1	1	1	1	1	1	1	1	0	0	0	0	0
1	1	1	1	1	1	1	1	1	0	0	0	0	0	1
1	1	1	1	1	1	1	1	0	1	0	0	0	1	1
1	1	1	1	1	1	1	0	1	1	0	0	1	0	1
1	1	1	1	1	1	0	1	1	1	0	0	1	1	1
1	1	1	1	1	0	1	1	1	1	0	1	0	0	1
1	1	1	1	0	1	1	1	1	1	0	1	0	1	1
1	1	1	0	1	1	1	1	1	1	0	1	1	0	1
1	1	0	1	1	1	1	1	1	1	0	1	1	1	1
1	0	1	1	1	1	1	1	1	1	1	0	0	0	1
0	1	1	1	1	1	1	1	1	1	1	0	0	1	1

注：GS 为编码器的工作标志,高电平有效。

二、二进制编码器

用 n 位二进制代码对 2^n 个信号进行编码的电路称为二进制编码器。

3 位二进制编码器有 8 个输入端 3 个输出端,所以常称为 8 线 - 3 线编码器,其功能真值表见表 10-4,输入为高电平有效。

表 10-4　编码器真值表

输　　入								输　　出		
I_0	I_1	I_2	I_3	I_4	I_5	I_6	I_7	A_2	A_1	A_0
1	0	0	0	0	0	0	0	0	0	0
0	1	0	0	0	0	0	0	0	0	1
0	0	1	0	0	0	0	0	0	1	0
0	0	0	1	0	0	0	0	0	1	1

续表

输　入								输　出		
I_0	I_1	I_2	I_3	I_4	I_5	I_6	I_7	A_2	A_1	A_0
0	0	0	0	1	0	0	0	1	0	0
0	0	0	0	0	1	0	0	1	0	1
0	0	0	0	0	0	1	0	1	1	0
0	0	0	0	0	0	0	1	1	1	1

由真值表写出各输出的逻辑表达式为：

$$A_2 = \overline{\overline{I_4 I_5 I_6 I_7}}$$

$$A_1 = \overline{\overline{I_2 I_3 I_6 I_7}}$$

$$A_0 = \overline{\overline{I_1 I_3 I_5 I_7}}$$

用门电路实现逻辑电路如图 10-8 所示。

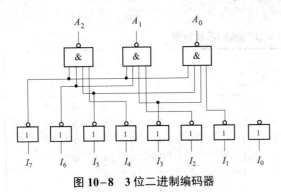

图 10-8　3 位二进制编码器

三、优先编码器

优先编码器——允许同时输入两个以上的编码信号，编码器给所有的输入信号规定了优先顺序，当多个输入信号同时出现时，只对其中优先级最高的一个进行编码。

74148 是一种常用的 8 线 -3 线优先编码器。其功能如表 10-5 所示，其中 $I_0 \sim I_7$ 为编码输入端，低电平有效。$A_0 \sim A_2$ 为编码器输出端，也为低电平有效，即反码输出。其他功能：

（1）EI 为使能输入端，低电平有效。

（2）优先顺序为 $I_7 \rightarrow I_0$，即 I_7 的优先级最高，然后是 I_6、I_5、…、I_0。

（3）GS 为编码器的工作标志，低电平有效。

（4）EO 为使能输出端，高电平有效。

表 10-5　74148 优先编码器真值表

输　入									输　出				
EI	I_0	I_1	I_2	I_3	I_4	I_5	I_6	I_7	A_2	A_1	A_0	GS	EO
1	×	×	×	×	×	×	×	×	1	1	1	1	1
0	1	1	1	1	1	1	1	1	1	1	1	1	0
0	×	×	×	×	×	×	×	0	0	0	0	0	1
0	×	×	×	×	×	×	0	1	0	0	1	0	1
0	×	×	×	×	×	0	1	1	0	1	0	0	1
0	×	×	×	×	0	1	1	1	0	1	1	0	1
0	×	×	×	0	1	1	1	1	1	0	0	0	1
0	×	×	0	1	1	1	1	1	1	0	1	0	1
0	×	0	1	1	1	1	1	1	1	1	0	0	1
0	0	1	1	1	1	1	1	1	1	1	1	0	1

10.3.3 译码器

译码器——将输入代码转换成特定的输出信号。假设译码器有 n 个输入信号和 N 个输出信号，如果 $N=2^n$，就称为全译码器，常见的全译码器有 2 线－4 线译码器、3 线－8 线译码器、4 线－16 线译码器等。如果 $N<2^n$，称为部分译码器，如二－十进制译码器（也称作 4 线－10 线译码器）等。

下面以 2 线－4 线译码器为例说明译码器的工作原理和电路结构。

2 线－4 线译码器的功能如表 10-6 所示。

表 10-6　2 线－4 线译码器功能表

输　　入			输　　出			
EI	A	B	Y_0	Y_1	Y_2	Y_3
1	×	×	1	1	1	1
0	0	0	0	1	1	1
0	0	1	1	0	1	1
0	1	0	1	1	0	1
0	1	1	1	1	1	0

由表 10-6 可写出各输出函数表达式：

$$Y_0 = \overline{\overline{EI}\,\overline{A}\,\overline{B}}$$

$$Y_1 = \overline{\overline{EI}\,\overline{A}\,B}$$

$$Y_2 = \overline{\overline{EI}\,A\,\overline{B}}$$

$$Y_3 = \overline{\overline{EI}\,A\,B}$$

用门电路实现 2 线－4 线译码器的逻辑电路如图 10-9 所示。

利用译码器的使能端可以方便地扩展译码器的容量。图 10-10 所示是将两片 74138 扩展为 4 线－16 线译码器。

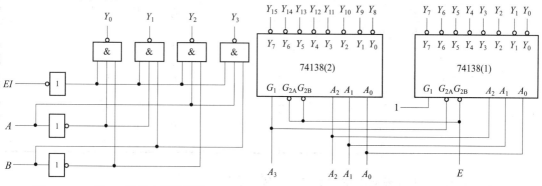

图 10-9　2 线－4 线译码器逻辑图　　　　图 10-10　两片 74138 扩展为 4 线－16 线译码器

其工作原理为：当 $E=1$ 时，两个译码器都禁止工作，输出全 1；当 $E=0$ 时，译码器工作。这时，如果 $A_3=0$，高位片禁止，低位片工作，输出 $Y_0 \sim Y_7$ 由输入二进制代码 $A_2A_1A_0$ 决定；

如果 $A_3=1$，低位片禁止，高位片工作，输出 $Y_8 \sim Y_{15}$ 由输入二进制代码 $A_2A_1A_0$ 决定。从而实现了 4 线 –16 线译码器功能。

一、译码器的应用

由于译码器的每个输出端分别与一个最小项相对应，因此辅以适当的门电路，便可实现任何组合逻辑函数。

例 10.3 试用译码器和门电路实现逻辑函数：

$$L = AB + BC + AC$$

解：（1）将逻辑函数转换成最小项表达式，再转换成与非 – 与非形式。

$$L = \overline{A}BC + A\overline{B}C + AB\overline{C} + ABC = m_3 + m_5 + m_6 + m_7$$
$$= \overline{\overline{m_3} \cdot \overline{m_5} \cdot \overline{m_6} \cdot \overline{m_7}}$$

（2）该函数有三个变量，所以选用 3 线 –8 线译码器 74138。

用一片 74138 加一个与非门就可实现逻辑函数 L。

例 10.4 某组合逻辑电路的真值表如表 10–7 所示，试用译码器和门电路设计该逻辑电路。

解：（1）写出各输出的最小项表达式，再转换成与非 – 与非形式。

$$L = \overline{A}\overline{B}C + \overline{A}B\overline{C} + A\overline{B}\overline{C} + ABC = m_1 + m_2 + m_4 + m_7 = \overline{\overline{m_1} \cdot \overline{m_2} \cdot \overline{m_4} \cdot \overline{m_7}}$$

$$F = \overline{A}BC + A\overline{B}C + AB\overline{C} = m_3 + m_5 + m_6 = \overline{\overline{m_3} \cdot \overline{m_5} \cdot \overline{m_6}}$$

$$G = \overline{A}\overline{B}\overline{C} + \overline{A}B\overline{C} + A\overline{B}\overline{C} + AB\overline{C} = m_0 + m_2 + m_4 + m_6 = \overline{\overline{m_0} \cdot \overline{m_2} \cdot \overline{m_4} \cdot \overline{m_6}}$$

（2）选用 3 线 –8 线译码器 74138。设 $A=A_2$、$B=A_1$、$C=A_0$。将 L、F、G 的逻辑表达式与 74138 的输出表达式相比较，有：

$$L = \overline{\overline{Y_1} \cdot \overline{Y_2} \cdot \overline{Y_4} \cdot \overline{Y_7}}$$
$$F = \overline{\overline{Y_3} \cdot \overline{Y_5} \cdot \overline{Y_6}}$$
$$G = \overline{\overline{Y_0} \cdot \overline{Y_2} \cdot \overline{Y_4} \cdot \overline{Y_6}}$$

用一片 74138 加三个与非门就可实现该组合逻辑电路。图 10–11 所示为该例的组合逻辑电路。

表 10–7 例 10.4 的真值表

输　　入			输　　出		
A	B	C	L	F	G
0	0	0	0	0	1
0	0	1	1	0	0
0	1	0	1	0	1
0	1	1	0	1	0
1	0	0	1	0	1
1	0	1	0	1	0
1	1	0	0	1	1
1	1	1	1	0	0

可见，用译码器实现多输出逻辑函数时，优点更明显。

二、数字显示译码器的原理

在数字系统中，常常需要将数字、字母、符号等直观地显示出来，供人们读取或监视系统的工作情况。能够显示数字、字母或符号的器件称为数字显示器。

在数字电路中，数字量都是以一定的代码形式出现的，所以这些数字量要先经过译码，才能送到数字显示器去显示。这种能把数字量翻译成数字显示器所能识别的信号的译码器称为数字显示译码器。

常用的数字显示器有多种类型。按显示方式分，有字型重叠式、点阵式、分段式等。按发光物质分，有半导体显示器，又称发光二极管（LED）显示器、荧光显示器、液晶显示器等。

目前应用最广泛的是由发光二极管构成的七段数字显示器。

七段数字显示器就是将七个发光二极管（加小数点为八个）按一定的方式排列起来，七段 a、b、c、d、e、f、g（小数点 DP）各对应一个发光二极管，利用不同发光段的组合，显示不同的阿拉伯数字。七段数字显示器及发光段组合图如图 10-12 所示。

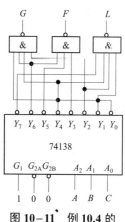

图 10-11 例 10.4 的组合逻辑电路

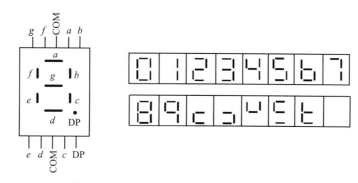

图 10-12 七段数字显示器及发光段组合图

（a）显示器；（b）段组合图

按内部连接方式不同，七段数字显示器分为共阴极和共阳极两种，如图 10-13 所示。

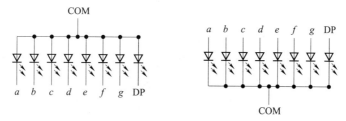

图 10-13 半导体数字显示器的内部接法

（a）共阳极接法；（b）共阴极接法

半导体显示器的优点是：工作电压较低（1.5～3 V）、体积小、寿命长、亮度高、响应速度快、工作可靠性高。缺点是：工作电流大，每个字段的工作电流为 10 mA 左右。

10.3.4 数据选择器

数据选择器——将一路输入数据根据地址选择码分配给多路数据输出中的某一路输出。它的作用与图 10-14（a）所示的单刀多掷开关相似。

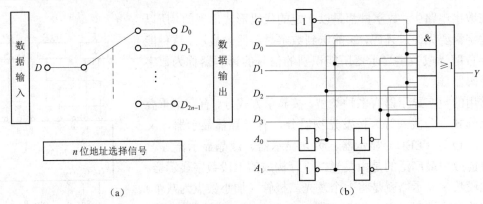

（a）　　　　　　　　　　　　　　（b）

图 10-14　数据选择器模拟图和逻辑图

根据功能表 10-8，可写出输出逻辑表达式：

$$Y = (\overline{A_1}\,\overline{A_0}D_0 + \overline{A_1}A_0D_1 + A_1\overline{A_0}D_2 + A_1A_0D_3) \cdot \overline{G}$$

表 10-8　某数据选择器的功能表

输　　　入			输出
使能端	地址		
G	A	B	Y
1	×	×	0
0	0	0	D_0
0	0	1	D_1
0	1	0	D_2
0	1	1	D_3

由逻辑表达式画出逻辑图，如图 10-14（b）所示。当逻辑函数的变量个数和数据选择器的地址输入变量个数相同时，可直接用数据选择器来实现逻辑函数。

例 10.5　试用 4 选 1 数据选择器实现逻辑函数：

$$L = AB + BC + A\overline{C}$$

解：将 A、B 接到地址输入端，C 加到适当的数据输入端。

作出逻辑函数 L 的真值表（见表 10-9），根据真值表画出连线图，如图 10-15 所示。

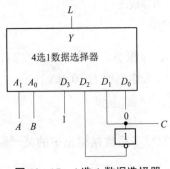

图 10-15　4 选 1 数据选择器

表 10-9　L 的真值表

A	B	C	L
0	0	0	0
0	0	1	0
0	1	0	0
0	1	1	1
1	0	0	1
1	0	1	0
1	1	0	1
1	1	1	1

与数据选择器功能相反的是数据分配器。由于译码器和数据分配器的功能非常接近，所以译码器一个很重要的应用就是构成数据分配器。也正因为如此，市场上没有集成数据分配器产品，只有集成译码器产品。当需要数据分配器时，可以用译码器改接。例如，用译码器设计一个 1 线–8 线数据分配器，如图 10–16 所示。数据分配器功能表见表 10–10。

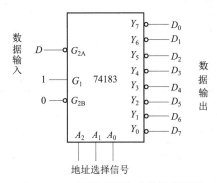

图 10–16　用译码器构成数据分配器

表 10–10　数据分配器功能表

地址选择信号			输　　出
A_2	A_1	A_0	
0	0	0	$D=D_0$
0	0	1	$D=D_1$
0	1	0	$D=D_2$
0	1	1	$D=D_3$
1	0	0	$D=D_4$
1	0	1	$D=D_5$
1	1	0	$D=D_6$
1	1	1	$D=D_7$

10.3.5　加法器

一、半加器

半加器的真值表如表 10–11 所示。表中的 A 和 B 分别表示被加数和加数输入，S 为本位和输出，C 为向相邻高位的进位输出。由真值表可直接写出输出逻辑函数表达式：

$$S = \overline{A}B + A\overline{B} = A \oplus B$$
$$C = AB$$

可见，可用一个异或门和一个与门组成半加器。

如果想用与非门组成半加器，则将上式用代数法变换成与非形式：

$$S = \overline{A}B + A\overline{B} = \overline{A}B + A\overline{B} + A\overline{A} + B\overline{B}$$
$$= A(\overline{A} + \overline{B}) + B(\overline{A} + \overline{B})$$
$$= A \cdot \overline{AB} + B \cdot \overline{AB}$$
$$= \overline{A \cdot \overline{AB} \cdot B \cdot \overline{AB}}$$

$$C = AB = \overline{\overline{AB}}$$

由此画出用与非门组成的半加器，如图 10-17 所示，其符号如图 10-18 所示。

表 10-11　半加器的真值表

输　入		输　出	
被加数 A	加数 B	和数 S	进位数 C
0	0	0	0
0	1	1	0
1	0	1	0
1	1	0	1

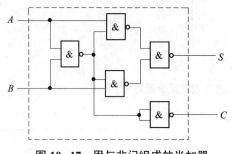

图 10-17　用与非门组成的半加器

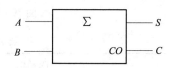

图 10-18　半加器的符号

二、全加器

在多位数加法运算时，除最低位外，其他各位都需要考虑低位送来的进位。全加器就具有这种功能。全加器的真值表如表 10-12 所示。表中的 A_i 和 B_i 分别表示被加数和加数输入，C_{i-1} 表示来自相邻低位的进位输入。S_i 为本位和输出，C_i 为向相邻高位的进位输出。

表 10-12　　全加器的真值表

输　　入			输　　出	
A_i	B_i	C_{i-1}	S_i	C_i
0	0	0	0	0
0	0	1	1	0
0	1	0	1	0
0	1	1	0	1
1	0	0	1	0
1	0	1	0	1
1	1	0	0	1
1	1	1	1	1

由真值表直接写出 S_i 和 C_i 的输出逻辑函数表达式，再经代数法化简和转换得：

$$S_i = \overline{A_i}\,\overline{B_i}C_{i-1} + \overline{A_i}B_i\overline{C}_{i-1} + A_i\overline{B_i}\,\overline{C}_{i-1} + A_iB_iC_{i-1}$$

$$= \overline{(A_i \oplus B_i)}C_{i-1} + (A_i \oplus B_i)\overline{C}_{i-1} = A_i \oplus B_i \oplus C_{i-1}$$

$$C_i = \overline{A_i}B_iC_{i-1} + A_i\overline{B_i}C_{i-1} + A_iB_i\overline{C}_{i-1} + A_iB_iC_{i-1}$$

$$= A_iB_i + (A_i \oplus B_i)C_{i-1}$$

根据上式画出全加器的逻辑电路如图 10-19（a）所示，图 10-19（b）所示为全加器的符号。

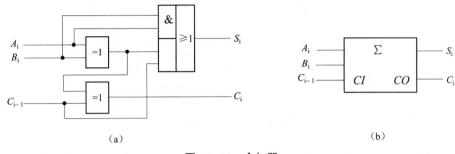

（a） （b）

图 10-19 全加器

（a）逻辑图；（b）符号

三、多位数加法器

要进行多位数相加，最简单的方法是将多个全加器进行级联，称为串行进位加法器。图 10-20 所示是 4 位串行进位加法器，从图中可见，两个 4 位相加数 $A_3A_2A_1A_0$ 和 $B_3B_2B_1B_0$ 的各位同时送到相应全加器的输入端，进位数串行传送。全加器的个数等于相加数的位数。最低位全加器的 C_{i-1} 端应接 0。

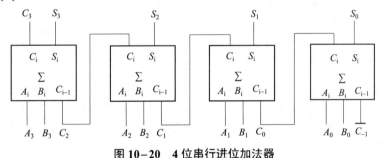

图 10-20 4 位串行进位加法器

串行进位加法器的优点是电路比较简单，缺点是速度比较慢。因为进位信号是串行传递，图 10-20 中最后一位的进位输出 C_3 要经过四位全加器传递之后才能形成。如果位数增加，传输延迟时间将更长，工作速度更慢。

为了提高速度，人们又设计了一种多位数快速进位（又称超前进位）的加法器。所谓快速进位，是指加法运算过程中，各级进位信号同时送到各位全加器的进位输入端。现在的集成加法器，大多采用这种方法。

10.4 实践知识——函数信号发生器

10.4.1 函数信号发生器的原理

函数信号发生器是能产生多种波形的信号发生器。如产生正弦波、三角波、方波、锯齿波、阶梯波和调频、调幅等调制波形。一般至少要求产生三角波、方波和正弦波。产生各种信号波形的方法很多，其电路主要由振荡器、波形变换器和输出电路三个部分组成，如

图 10-21 所示。

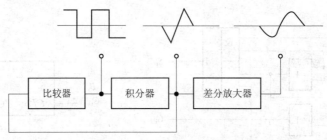

图 10-21 函数信号发生器框图

　　振荡电路的功能是产生具有一定频率要求的信号。它决定了函数信号发生器的输出信号的频率调节范围、调节方式和频率的稳定度；在要求不高的场合，电路往往以需要产生的波形中的一种信号作为振荡信号。常用的振荡器有脉冲振荡和正弦波振荡器。该部分主要考虑信号频率调节范围和频率的稳定度。

　　波形变换器功能是对振荡源产生的信号进行变换和处理，形成各种所需的信号波形。重点考虑波形的失真问题，通过采取各种措施尽可能使波形失真减少。

　　输出电路是对各路波形信号进行幅度均衡和切换，并完成信号幅度的调节功能；重点考虑输出端的特性，如输出波形的最大幅值、输出功率和输出阻抗等。需要注意的是：作为信号源，函数信号发生器的输出端不能直接短路。

10.4.2　现代函数信号发生器的特点

　　在现代电子学的各个领域，常常需要高精度且频率可方便调节的信号发生器。例如美国泰克公司生产的 AFG3251 系列函数信号发生器，是以 CPU 为核心，由多块大规模集成电路组成的技术含量较高的仪器，如图 10-22 所示，它与一般的信号发生器相比具有以下优点：

　　（1）频率精度高，稳定性好，受环境影响的变化小。

　　（2）波形纯净，失真度小，在全部频率范围内都有很好的波形质量及幅度稳定性。

　　（3）无过渡过程，频率转换时间极快：瞬间达到稳定，渡跃时信号无畸变。

　　（4）扫描特性：多种扫描方式可供选择并且可以随机暂停，同时 LED 显示窗显示当前频点值，并可对窄带进行细致的扫描。可任意设置起始频率、终止频率、扫描步长、时间间隔，给使用带来极大的方便。

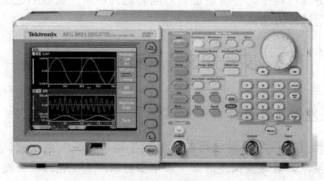

图 10-22　AFG3251 函数信号发生器

（5）调制特性：本机具有调幅功能，调制信号可由内信号源产生，也可由外部输入调制信号，调制深度自由调整且不受载波频率及输出幅度影响。

（6）函数信号发生器方便的键盘操作：面板采用人性化设计，数字键与功能键完全分离，按键复用率低，直接输入，操作方便。

10.5 项目实训

一、分组

将学生进行分组，通常 3～5 人一组，选出小组负责人，下达任务。

二、讲解项目原理及具体要求

利用与非门实现四路抢答器实验电路。电路接通时先按一下复位按键 RST，使 RS 触发器输出的初始状态 Q_1、Q_2、Q_3、Q_4 为低电平，则 4 个与非门的输出 A、B、C、D 为高电平，发光二极管均不导通、不发光。当 4 个抢答按键 K_1、K_2、K_3、K_4 中的任意一个首先按下接通时，如 K_1 接通，触发器输出端 Q_1 为高电平，则与非门输出 A 变为低电平，与 A 相连的二极管 D_1 发光，且 A 的低电平反馈到另外 3 个与非门的输入端，强制它们的输出端 B、C、D 维持高电平，此时，不论 K_2、K_3、K_4 按键如何动作，与非门的输出端 B、C、D 都为高电平，与它们相连的二极管均不发光，实现了互锁功能。主持人按下复位按键 RST，即可实现抢答器的复位，继续下一轮的抢答。

具体要求：

（1）画出电路图，并标明具体参数。

（2）选择具体元器件，连接电路。

（3）对电路进行测量，排除故障。

三、学生具体实施

学生根据项目内容，分组讨论，查阅资料，给出总体设计方案，到实验实训室进行相关测量实验。在以上过程中，教师要起主导作用，实时指导，并控制项目实施节奏，保证在规定课时内完成该项目。

四、学生展示

学生可以以电子版 PPT、图片或成品的形式对本组的项目实施方案进行阐述，对项目实施成果进行展示。

五、评价

项目评价以自评和互评的形式展开，填写项目自评互评表，教师整体对该项目进行总结，对好的进行表扬，差的指出不足。

在项目具体实施过程中，所需项目方案实施计划单、材料工具清单、项目检查单和项目评价单见书后附录 A、B、C、D。

10.6 习题及拓展训练

一、选择题

1.（选做）下列表达式中不存在竞争冒险的有_____。

A. $Y=\overline{B}+AB$ B. $Y=AB+\overline{B}C$ C. $Y=AB\overline{C}+AB$ D. $Y=(A+\overline{B})A\overline{D}$

2. 若在编码器中有 50 个编码对象，则要求输出二进制代码位数为_____位。

A. 5 B. 6 C. 10 D. 50

3. 一个 16 选一的数据选择器，其地址输入（选择控制输入）端有_____个。

A. 1 B. 2 C. 4 D. 16

4.（选做）函数 $F=\overline{A}C+AB+\overline{B}\,\overline{C}$，当变量的取值为_____时，将出现冒险现象。

A. $B=C=1$ B. $B=C=0$ C. $A=1$，$C=0$ D. $A=0$，$B=0$

5. 四选一数据选择器的数据输出 Y 与数据输入 X_i 和地址码 A_i 之间的逻辑表达式为

$Y=$_____。

A. $\overline{A_1}\overline{A_0}X_0+\overline{A_1}A_0X_1+A_1\overline{A_0}X_2+A_1A_0X_3$

B. $\overline{A_1}\overline{A_0}X_0$

C. $\overline{A_1}A_0X_1$

D. $A_1A_0X_3$

6. 一个八选一数据选择器的数据输入端有_____个。

A. 1 B. 2 C. 3

D. 4 E. 8

7. 在下列逻辑电路中，不是组合逻辑电路的有_____。

A. 译码器 B. 编码器 C. 全加器 D. 寄存器

8. 八路数据分配器，其地址输入端有_____个。

A. 1 B. 2 C. 3

D. 4 E. 8

9. 101 键盘的编码器输出_____位二进制代码。

A. 2 B. 6 C. 7 D. 8

10. 用 3 线–8 线译码器 74LS138 实现原码输出的 8 路数据分配器，应_____。

A. $ST_A=1$，$\overline{ST_B}=D$，$\overline{ST_C}=0$ B. $ST_A=1$，$\overline{ST_B}=D$，$\overline{ST_C}=D$

C. $ST_A=1$，$\overline{ST_B}=0$，$\overline{ST_C}=D$ D. $ST_A=D$，$\overline{ST_B}=0$，$\overline{ST_C}=0$

11. 以下电路中，加以适当辅助门电路，_____适于实现单输出组合逻辑电路。

A. 二进制译码器 B. 数据选择器 C. 数值比较器 D. 七段显示译码器

12. 用四选一数据选择器实现函数 $Y=A_1A_0+\overline{A_1}A_0$，应使_____。

A. $D_0=D_2=0$，$D_1=D_3=1$ B. $D_0=D_2=1$，$D_1=D_3=0$

C. $D_0=D_1=0$，$D_2=D_3=1$ D. $D_0=D_1=1$，$D_2=D_3=0$

13. 用 3 线–8 线译码器 74LS138 和辅助门电路实现逻辑函数 $Y=A_2+\overline{A_2}\,\overline{A_1}$，应_____。

A. 用与非门，$Y=\overline{\overline{Y_0}\overline{Y_1}\overline{Y_4}\overline{Y_5}\overline{Y_6}\overline{Y_7}}$ B. 用与门，$Y=\overline{Y_2}\,\overline{Y_3}$

C. 用或门，$Y=\overline{Y_2}+\overline{Y_3}$ D. 用或门，$Y=\overline{Y_0}+\overline{Y_1}+\overline{Y_4}+\overline{Y_5}+\overline{Y_6}+\overline{Y_7}$

二、设计题

1. 写出如图 10–23 所示电路的逻辑表达式，并说明电路实现哪种逻辑门的功能。

2. 分析如图 10–24 所示电路，写出输出函数 F。

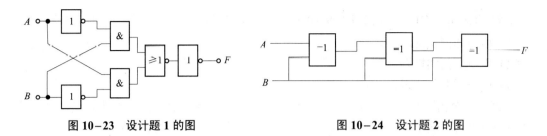

图 10-23　设计题 1 的图　　　　　　　　图 10-24　设计题 2 的图

3. 已知如图 10-25 所示电路及输入 A、B 的波形，试画出相应的输出波形 F，不计门的延迟。

4. 由与非门构成的某表决电路如图 10-26 所示。其中 A、B、C、D 表示 4 个人，$L=1$ 时表示决议通过。

（1）试分析电路，说明决议通过的情况有几种。

（2）分析 A、B、C、D 四个人中，谁的权利最大。

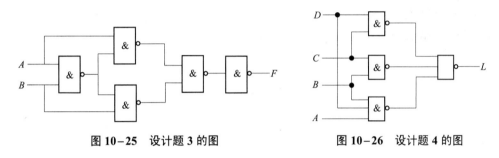

图 10-25　设计题 3 的图　　　　　　　　图 10-26　设计题 4 的图

5. 分析如图 10-27 所示逻辑电路，已知 S_1、S_0 为功能控制输入，A、B 为输入信号，L 为输出，求电路所具有的功能。

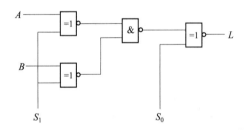

图 10-27　设计题 5 的图

6. 试分析如图 10-28 所示电路的逻辑功能。

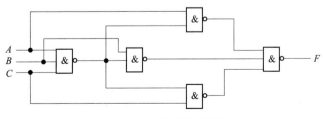

图 10-28　设计题 6 的图

7. 设 $F(A,B,C,D) = \sum m(2,4,8,9,10,12,14)$，要求用最简单的方法，实现的电路最简单。

（1）用与非门实现。

（2）用或非门实现。

（3）用与或非门实现。

8. 设计一个由三个输入端、一个输出端组成的判奇电路，其逻辑功能为：当奇数个输入信号为高电平时，输出为高电平，否则为低电平。要求画出真值表和电路图。

9. 试设计一个 8421BCD 码的检码电路。要求当输入量 $ABCD \leqslant 4$，或 $\geqslant 8$ 时，电路输出 L 为高电平，否则为低电平。用与非门设计该电路。

10. 一个组合逻辑电路有两个功能选择输入信号 C_1、C_0，A、B 作为其两个输入变量，F 为电路的输出。当 C_1C_0 取不同组合时，电路实现如下功能：

（1）$C_1C_0=00$ 时，$F=A$

（2）$C_1C_0=01$ 时，$F=A \oplus B$

（3）$C_1C_0=10$ 时，$F=AB$

（4）$C_1C_0=11$ 时，$F=A+B$

试用门电路设计符合上述要求的逻辑电路。

项目十一　数字时钟电路的制作与调试

11.1　项目目标

知识目标

掌握触发器、计数器、数码寄存器及移位寄存器的逻辑功能和应用。掌握应用 RS 触发器设计三人抢答器并对电路进行装调和故障分析。

技能目标

熟练使用常用工具对电路进行测试和调试。

情感目标

培养学生的动手能力、创新能力和团结协作的精神。

11.2　工 作 情 境

数字钟是一种用数字电路技术实现时、分、秒计时的装置，与机械式时钟相比具有更高的准确性和直观性，且无机械装置，具有更长的使用寿命，因此得到了广泛的使用。

数字钟从原理上讲是一种典型的数字电路，其中包括了组合逻辑电路和时序电路。目前，数字钟的功能越来越强，并且有多种专门的大规模集成电路可供选择。数字钟适用于自动打铃、自动广播，也适用于节电、节水及自动控制多路电气设备。它是由数字钟电路、定时电路、放大执行电路、电源电路组成。为了简化电路结构，数字钟电路与定时电路之间的连接采用直接译码技术。具有电路结构简单、动作可靠、使用寿命长、更改设定时间容易、制造成本低等优点。

11.3　理 论 知 识

11.3.1　触发器

时序逻辑电路——电路中任一时刻的输出状态不仅取决于当时的输入信号，还与电路的原状态有关。

时序逻辑电路中必须含有具有记忆能力的存储器件。存储器件的种类很多，如触发器、延迟线、磁性器件等，但最常用的是触发器。

　　由触发器作存储器件的时序逻辑电路的基本结构框图如图 11-1 所示，一般来说，它由组合逻辑电路和触发器两部分组成。

　　触发器——一种具有"记忆"功能的存储器件，它有两个稳定的输出状态，即双稳态触发器，具有以下特性：

　　（1）两个稳定的输出状态，即 1 状态（$Q=1$）和 0 状态（$Q=0$），在无外部信号作用时，触发器保持原有的状态不变。

　　（2）在外部信号（触发信号和时钟信号）作用下，触发器由一种稳定状态翻转成另一种稳定状态，并保持到另一次触发信号到来。

一、基本 RS 触发器

1. 电路结构

　　由两个与非门的输入输出端交叉耦合，它与组合电路的根本区别在于，电路中有反馈线，如图 11-2 所示。

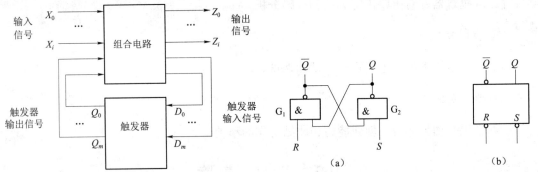

图 11-1　时序逻辑电路的基本结构框图

图 11-2　由与非门组成的基本 RS 触发器

（a）逻辑图；（b）逻辑符号

　　它有两个输入端 R、S，有两个输出端 Q、$\overline{Q}$。一般情况下，Q、$\overline{Q}$ 是互补的。

　　定义：当 $Q=1$，$\overline{Q}=0$ 时，称为触发器的 1 状态；当 $Q=0$，$\overline{Q}=1$ 时，称为触发器的 0 状态。

2. 逻辑功能

　　基本 RS 触发器的逻辑功能见表 11-1。

表 11-1　基本 RS 触发器的逻辑功能

R　S	Q^n	Q^{n+1}	功能说明
0　0	0	×	不定状态
0　0	1	×	
0　1	0	0	置 0（复位）
0　1	1	0	
1　0	0	1	置 1（置位）
1　0	1	1	
1　1	0	0	保持原状态
1　1	1	1	

可见，触发器的新状态 Q^{n+1}（也称次态）不仅与输入状态有关，也与触发器原来的状态 Q^n（也称现态或初态）有关。

基本 RS 触发器的特点：

① 有两个互补的输出端，有两个稳态。

② 有复位（$Q=0$）、置位（$Q=1$）、保持原状态三种功能。

③ R 为复位（Reset）输入端，S 为置位（Set）输入端，均为低电平有效。

④ 由于反馈线的存在，无论是复位还是置位，有效信号只需作用很短的一段时间。即"一触即发"。

二、同步 RS 触发器

在实际应用中，触发器的工作状态不仅要由 R、S 端的信号来决定，而且还希望触发器按一定的节拍翻转。为此，给触发器加一个时钟控制端 CP，只有在 CP 端上出现时钟脉冲时，触发器的状态才能变化。具有时钟脉冲控制的触发器状态的改变与时钟脉冲同步，所以称为同步触发器，也叫钟控触发器。

（1）电路结构：同步 RS 触发器如图 11-3 所示。

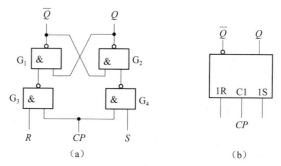

图 11-3　同步 RS 触发器

（a）逻辑图；（b）逻辑符号

（2）逻辑功能：

当 $CP=0$ 时，控制门 G_3、G_4 关闭，都输出 1。这时，不管 R 端和 S 端的信号如何变化，触发器的状态保持不变。

当 $CP=1$ 时，G_3、G_4 打开，R、S 端的输入信号才能通过这两个门，使基本 RS 触发器的状态翻转，其输出状态由 R、S 端的输入信号决定。同步 RS 触发器的逻辑功能见表 11-2。

表 11-2　同步 RS 触发器的逻辑功能

R　S	Q^n	Q^{n+1}	功能说明
0　0	0	0	保持原状态
0　0	1	1	
0　1	0	1	置1（置位）
0　1	1	1	
1　0	0	0	置0（复位）
1　0	1	0	
1　1	0	×	不定状态
1　1	1	×	

由此可以看出，同步 RS 触发器的状态转换分别由 R、S 和 CP 控制，其中，R、S 控制状态转换的方向，即转换为何种次态；CP 控制状态转换的时刻，即何时发生转换。

触发器的功能也可以用输入输出波形图直观地表示出来，图 11-4 所示为同步 RS 触发器的波形图。

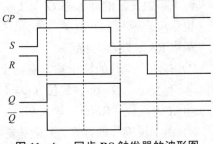

图 11-4　同步 RS 触发器的波形图

三、主从 RS 触发器

1. 电路结构

主从 RS 触发器由两级触发器构成，其中一级直接接收输入信号，称为主触发器，另一级接收主触发器的输出信号，称为从触发器。其逻辑图和符号如图 11-5 所示。两级触发器的时钟信号互补，从而有效地克服了空翻现象。空翻是因为干扰导致输入引脚电平突变引起锁存器逻辑值发生变化。

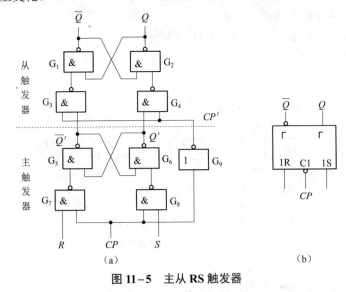

图 11-5　主从 RS 触发器

（a）逻辑图；　（b）逻辑符号

2. 工作原理

主从 RS 触发器的触发翻转分为两个节拍：

（1）当 $CP=1$ 时，$CP'=0$，从触发器被封锁，保持原状态不变。这时，G_7、G_8 打开，主触发器工作，接收 R 和 S 端的输入信号。

（2）当 CP 由 1 跃变到 0 时，即 $CP=0$、$CP'=1$ 时，主触发器被封锁，输入信号 R、S 不再影响主触发器的状态。而这时，由于 $CP'=1$，G_3、G_4 打开，从触发器接收主触发器输出端的状态。

由上分析可知，主从 RS 触发器的翻转是在 CP 由 1 变 0 时刻（CP 下降沿）发生的，CP 一旦变为 0 后，主触发器被封锁，其状态不再受 R、S 影响，故主从 RS 触发器对输入信号的敏感时间大大缩短，只在 CP 由 1 变 0 的时刻触发翻转，因此不会有空翻现象。

四、主从 JK 触发器

1. 电路结构

RS 触发器的特性方程中有一约束条件 $SR=0$，即在工作时，不允许输入信号 R、S 同时为 1。这一约束条件使得 RS 触发器在使用时，有时感觉不方便。如何解决这一问题呢？我们注意到，触发器的两个输出端 Q、$\overline{Q}$ 在正常工作时是互补的，即一个为 1，另一个一定为 0。因此，如果把这两个信号通过两根反馈线分别引到输入端的 G_7、G_8 门，就一定有一个门被封锁，这时，就不怕输入信号同时为 1 了。这就是主从 JK 触发器的构成思路。其逻辑图和符号如图 11-6 所示。

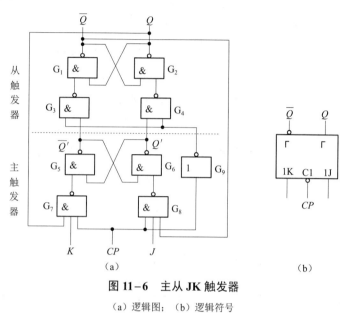

图 11-6 主从 JK 触发器

（a）逻辑图；（b）逻辑符号

在主从 RS 触发器的基础上增加两根反馈线，一根从 Q 端引到 G_7 门的输入端，一根从 $\overline{Q}$ 端引到 G_8 门的输入端，并把原来的 S 端改为 J 端，把原来的 R 端改为 K 端。

2. 逻辑功能

主从 JK 触发器的逻辑功能见表 11-3，它与主从 RS 触发器的逻辑功能基本相同，不同之处是主从 JK 触发器没有约束条件，在 $J=K=1$ 时，每输入一个时钟脉冲后，触发器的状态就翻转一次。

主从 JK 触发器的特性方程为：

$$Q^{n+1} = J\overline{Q^n} + \overline{K}Q^n$$

表 11-3 主从 JK 触发器的逻辑功能

J K	Q^n	Q^{n+1}	功能说明
0 0	0	0	保持原状态
0 0	1	1	
0 1	0	0	置 0（复位）
0 1	1	0	
1 0	0	1	置 1（置位）
1 0	1	1	
1 1	0	1	每输入一个脉冲
1 1	1	0	输出状态翻转变化一次

例 11.1 设主从 JK 触发器的初始状态为 0，已知输入 J、K 的波形图如图 11-7 所示，画出输出 Q 的波形图。

解：输出 Q 的波形如图 11-7 所示。

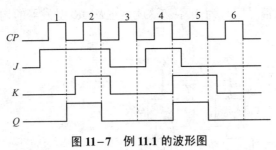

图 11-7 例 11.1 的波形图

在画主从 JK 触发器的波形图时，应注意以下两点：

（1）触发器的触发翻转发生在时钟脉冲的触发沿（这里是下降沿）。

（2）在 $CP=1$ 期间，如果输入信号的状态没有改变，判断触发器次态的依据是时钟脉冲下降沿前一瞬间输入端的状态。

11.3.2 计数器

计数器——用以统计输入脉冲 CP 个数的电路。

计数器的分类：

（1）按计数进制可分为二进制计数器和非二进制计数器。非二进制计数器中最典型的是十进制计数器。

（2）按数字的增减趋势可分为加法计数器、减法计数器和加、减可逆计数器。

（3）按计数器中触发器翻转是否与计数脉冲同步，分为同步计数器和异步计数器。

一、二进制异步计数器

1. 二进制异步加法计数器

图 11-8 所示为由 4 个下降沿触发的 JK 触发器组成的 4 位异步二进制加法计数器的逻辑图。图中 JK 触发器都接成 T' 触发器（即 $J=K=1$）。最低位触发器 FF_0 的时钟脉冲输入端接计数脉冲 CP，其他触发器的时钟脉冲输入端接相邻低位触发器的 Q 端。

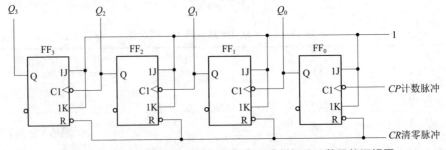

图 11-8 由 JK 触发器组成的 4 位异步二进制加法计数器的逻辑图

由于该电路的连线简单且规律性强，无须用前面介绍的分析步骤进行分析，只需作简单的观察与分析就可画出时序波形图或状态图，这种分析方法称为"观察法"。

用"观察法"作出该电路的时序波形图如图 11-9 所示。可见，从初态 0000（由清零脉冲所置）开始，每输入一个计数脉冲，计数器的状态按二进制加法规律加 1，所以是二进制加法计数器（4 位）。又因为该计数器有 0000~1111 共 16 个状态，所以也称 16 进制（1 位）加法计数器或模 16（$M=16$）加法计数器。

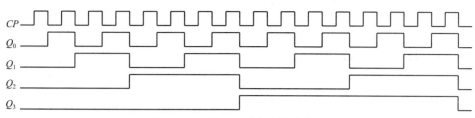

图 11-9　图 11-8 电路的时序图

另外，从时序图可以看出，Q_0、Q_1、Q_2、Q_3 的周期分别是计数脉冲（CP）周期的 2 倍、4 倍、8 倍、16 倍，也就是说，Q_0、Q_1、Q_2、Q_3 分别对 CP 波形进行了二分频、四分频、八分频、十六分频，因而计数器也可作为分频器。

异步二进制计数器结构简单，改变级联触发器的个数，可以很方便地改变二进制计数器的位数，n 个触发器构成 n 位二进制计数器或模 2^n 计数器，或 2^n 分频器。

2. 二进制异步减法计数器

将图 11-10 所示电路中 FF_1、FF_2、FF_3 的时钟脉冲输入端改接到相邻低位触发器的 $\overline{Q}$ 端就可构成二进制异步减法计数器，其工作原理请读者自行分析。

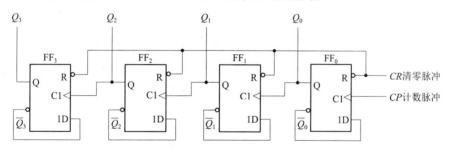

图 11-10　D 触发器组成的 4 位异步二进制减法计数器的逻辑图

图 11-11 所示是用 4 个上升沿触发的 D 触发器组成的 4 位异步二进制减法计数器的电路时序图。从图可见，用 JK 触发器和 D 触发器都可以很方便地组成二进制异步计数器。方法是先将触发器都接成 T' 触发器，然后根据加、减计数方式及触发器为上升沿还是下降沿触发来决定各触发器之间的连接方式。

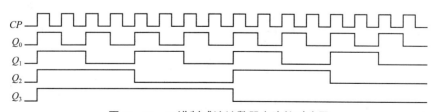

图 11-11　二进制减法计数器电路的时序图

在二进制异步计数器中，高位触发器的状态翻转必须在相邻触发器产生进位信号（加计数）或借位信号（减计数）之后才能实现，所以异步计数器的工作速度较低。为了提高计数速度，可采用同步计数器。

二、二进制同步计数器

1. 二进制同步加法计数器

图 11-12 所示为由 4 个 JK 触发器组成的 4 位同步二进制加法计数器的逻辑图。图中各触发器的时钟脉冲输入端接同一计数脉冲 CP，显然，这是一个同步时序电路。

各触发器的驱动方程分别为：

$$J_0=K_0=1，\quad J_1=K_1=Q_0^n，\quad J_2=K_2=Q_0^nQ_1^n，\quad J_3=K_3=Q_0^nQ_1^nQ_2^n$$

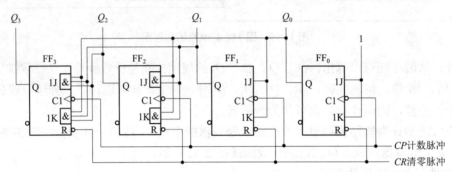

图 11-12 4 位同步二进制加法计数器的逻辑图

由于该电路的驱动方程规律性较强，也只需用"观察法"就可画出时序波形图或状态表（见表 11-4）。

表 11-4 4 位二进制同步加法计数器的状态表

计数脉冲序号	电路状态				等效十进制数
	Q_3	Q_2	Q_1	Q_0	
0	0	0	0	0	0
1	0	0	0	1	1
2	0	0	1	0	2
3	0	0	1	1	3
4	0	1	0	0	4
5	0	1	0	1	5
6	0	1	1	0	6
7	0	1	1	1	7
8	1	0	0	0	8
9	1	0	0	1	9
10	1	0	1	0	10
11	1	0	1	1	11
12	1	1	0	0	12
13	1	1	0	1	13
14	1	1	1	0	14
15	1	1	1	1	15
16	0	0	0	0	0

由于同步计数器的计数脉冲 CP 同时接到各位触发器的时钟脉冲输入端，当计数脉冲到来时，应该翻转的触发器同时翻转，所以速度比异步计数器高，但电路结构比异步计数器复杂。

2. 二进制同步减法计数器

4 位二进制同步减法计数器的状态表如表 11—5 所示，分析其翻转规律并与 4 位二进制同步加法计数器相比较，很容易看出，只要将图 11—12 所示电路的各触发器的驱动方程改为：

$$J_0=K_0=1；J_1=K_1=\overline{Q_0^n}；J_2=K_2=\overline{Q_0^n}\ \overline{Q_1^n}；J_3=K_3=\overline{Q_0^n}\ \overline{Q_1^n}\ \overline{Q_2^n}$$

就构成了 4 位二进制同步减法计数器。

表 11—5 4 位二进制同步减法计数器的状态表

计数脉冲序号	电 路 状 态				等效十进制数
	Q_3	Q_2	Q_1	Q_0	
0	0	0	0	0	0
1	1	1	1	1	15
2	1	1	1	0	14
3	1	1	0	1	13
4	1	1	0	0	12
5	1	0	1	1	11
6	1	0	1	0	10
7	1	0	0	1	9
8	1	0	0	0	8
9	0	1	1	1	7
10	0	1	1	0	6
11	0	1	0	1	5
12	0	1	0	0	4
13	0	0	1	1	3
14	0	0	1	0	2
15	0	0	0	1	1
16	0	0	0	0	0

11.3.3 数码寄存器与移位寄存器

一、数码寄存器

数码寄存器——存储二进制数码的时序电路组件，它具有接收和寄存二进制数码的逻辑功能。前面介绍的各种集成触发器，就是一种可以存储一位二进制数的寄存器，用 n 个触发器就可以存储 n 位二进制数。图 11—13（a）所示是由 D 触发器组成的 4 位集成寄存器 74LS175 的逻辑电路图，其引脚图如图 11—13 （b）所示。其中，R_D 是异步清零控制端。$D_0 \sim D_3$ 是并行数据输入端，CP 为时钟脉冲端，$Q_0 \sim Q_3$ 是并行数据输出端，$\overline{Q_0} \sim \overline{Q_3}$ 是反码数据输出端。表 11—6 是其功能表。

表 11-6 74LS175 的功能

清零	时钟	输		入		输		出		工作模式
R_D	CP	D_0	D_1	D_2	D_3	Q_0	Q_1	Q_2	Q_3	
0	×	×	×	×	×	0	0	0	0	异步清零
1	↑	D_0	D_1	D_2	D_3	D_0	D_1	D_2	D_3	数码寄存
1	1	×	×	×	×	保		持		数据保持
1	0	×	×	×	×	保		持		数据保持

该电路的数码接收过程为：将需要存储的四位二进制数码送到数据输入端 $D_0 \sim D_3$，在 CP 端送一个时钟脉冲，脉冲上升沿作用后，四位数码并行地出现在四个触发器 Q 端。

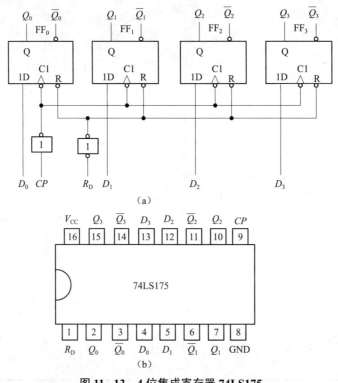

图 11-13 4 位集成寄存器 74LS175

（a）逻辑图；（b）引脚排列

二、移位寄存器

移位寄存器不但可以寄存数码，而且在移位脉冲作用下，寄存器中的数码可根据需要向左或向右移动 1 位。移位寄存器也是数字系统和计算机中应用很广泛的基本逻辑部件。

（一）单向移位寄存器

1. 右移寄存器

由 D 触发器组成的 4 位右移寄存器电路如图 11-14 所示。设移位寄存器的初始状态为 0000，串行输入数码 D_I=1101，从高位到低位依次输入。

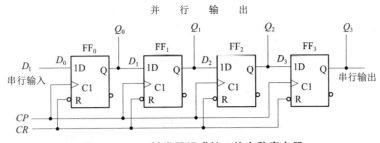

图 11-14　D 触发器组成的 4 位右移寄存器

在 4 个移位脉冲作用后，输入的 4 位串行数码 1101 全部存入了寄存器中，时序图如图 11-15 所示。

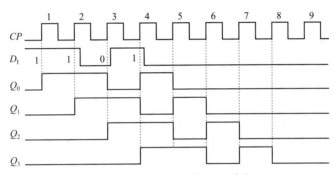

图 11-15　4 位右移寄存器的时序图

移位寄存器中的数码可由 Q_3、Q_2、Q_1 和 Q_0 并行输出，也可从 Q_3 串行输出。串行输出时，要继续输入 4 个移位脉冲，才能将寄存器中存放的 4 位数码 1101 依次输出。图 11-15 中第 5 到第 8 个 CP 脉冲及所对应的 Q_3、Q_2、Q_1、Q_0 波形，就是将 4 位数码 1101 串行输出的过程。所以，移位寄存器具有串行输入-并行输出和串行输入-串行输出两种工作方式。右移寄存器的工作流程也可以用表 11-7 所示的状态表来表示。

表 11-7　右移寄存器的状态表

移位脉冲	输入数码	输　　出			
CP	D_I	Q_0	Q_1	Q_2	Q_3
0		0	0	0	0
1	1	1	0	0	0
2	1	1	1	0	0
3	0	0	1	1	0
4	1	1	0	1	1

2. 左移寄存器

由 D 触发器组成的 4 位左移寄存器电路如图 11-16 所示。显然，数据从右向左移，即 $Q_3 \rightarrow Q_0$。

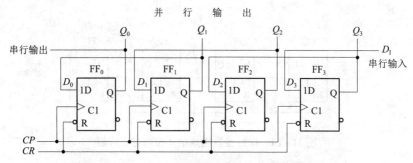

图 11-16　由 D 触发器组成的 4 位左移寄存器

（二）双向移位寄存器

将图 11-14 所示的右移寄存器和图 11-16 所示的左移寄存器组合起来，并引入一控制端 S 便构成既可左移又可右移的双向移位寄存器，如图 11-17 所示。

由图可知该电路的驱动方程为：

$$D_0 = \overline{\overline{S\,D_{SR}} + \overline{\overline{S}\,\overline{Q_1}}}\;;\quad D_1 = \overline{\overline{S\,Q_0} + \overline{\overline{S}\,\overline{Q_2}}}\;;\quad D_2 = \overline{\overline{S\,Q_1} + \overline{\overline{S}\,\overline{Q_3}}}\;;\quad D_3 = \overline{\overline{S\,Q_2} + \overline{\overline{S}\,\overline{D_{SL}}}}$$

其中，D_{SR} 为右移串行输入端，D_{SL} 为左移串行输入端。当 $S=1$ 时，$D_0=D_{SR}$、$D_1=Q_0$、$D_2=Q_1$、$D_3=Q_2$，在 CP 脉冲作用下，实现右移操作；当 $S=0$ 时，$D_0=Q_1$、$D_1=Q_2$、$D_2=Q_3$、$D_3=D_{SL}$，在 CP 脉冲作用下，实现左移操作。

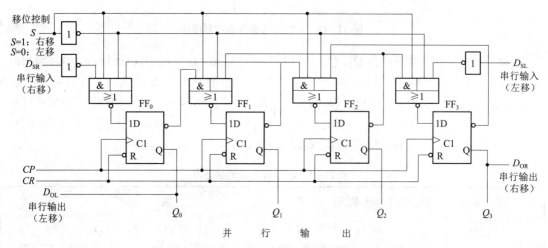

图 11-17　D 触发器组成的 4 位双向移位寄存器

11.4　实践知识——电气识图常识

11.4.1　电气图概述

电气工程图是表示电力系统中的电气线路及各种电气设备、元件、电气装置的规格、型号、位置、数量、装配方式及其相互关系和连接的安装工程设计图。

按照表达形式和用途的不同，电气图可分为以下几种：

（1）系统图或框图。

用符号或带注释的框，概略表示系统或分系统的基本组成、相互关系及其主要特征的一种简图。

（2）电路图。

用图形符号描述工作顺序，详细表示电路、设备或成套装置的全部组成和连接关系，而不考虑其实际位置的一种简图。

（3）功能图。

表示理论的或理想的电路而不涉及实现方法的一种图，其用途是提供绘制电路图或其他有关图的依据。

（4）逻辑图。

主要用二进制逻辑单元图形符号绘制的一种简图，其中只表示功能而不涉及实际方法的逻辑图，称为纯逻辑图。

（5）功能表图。

表示控制系统的作用和状态的一种图。

（6）等效电路图。

表示理论的或理想元件及其连接关系的一种功能图。

（7）程序图。

详细表示程序单元和程序块及其互连关系的一种简图。

（8）设备元件表。

把成套装置、设备和装置中各组成部分与相应数据列成表格。

（9）端子功能图。

表示功能单元全部外接端子，并用功能图、表图或文字表示其内部功能的一种简图。

（10）接线图或接线表。

表示成套装置、设备或装置的连接关系，用以进行接线和检查的一种简图。

（11）数据单。

对特定项目给出详细的信息资料。

（12）位置简图或位置图。

表示成套装置、设备或装置中各个项目的位置的一种简图或一种图，统称为位置图。

11.4.2 电气图的绘制规则

一、电路原理图绘制的方法和原则

（1）在电路图中，主电路、电源电路、控制电路、信号电路分开绘制。

（2）无论是主电路还是辅助电路，各电气元件一般应按生产设备动作的先后动作顺序从上到下或从左到右依次排列，可水平布置或垂直布置。

（3）所有电器的开关和触点的状态，均以线圈未通电状态，手柄置于零位，行程开关、按钮等的接点不受外力状态为开始位置。

（4）为了阅读、查找方便，在含有接触器、继电器线圈的线路单元下方或旁边，可标出该接触器、继电器各触点分布位置所在的区号码。

（5）同一电器各导电部分常常不画在一起，应以同一标号注明。

二、电气接线图绘制的方法和原则

（1）各电器的符号、文字和接线编号均与电路原理图一致。

（2）电气接线图应清楚地表示各电器的相对位置和它们之间的电气连接。所以同一电器的各导电部分是画在一起的，常用虚线框起来，尽可能地反映实际情况。

（3）不在同一控制箱内或不在同一配电屏上的各电器连接导线，必须通过接线端子进行，不能直接连接。

（4）成束的电线可以用一条实线表示，电线很多时，可在电器接线端只标明导线的线号和去向，不一定将导线全部画出。

（5）接线图应表明导线的种类、截面、套管型号、规格等。

三、电气安装施工图的识读

1. 电气安装施工图识读步骤

（1）按目录核对图纸数量、查出涉及的标准图。

（2）详细阅读设计施工说明，了解材料表内容及电气设备型号含义。

（3）分析电源进线方式及导线规格、型号。

（4）仔细阅读电气平面图，了解和掌握电气设备的布置、线路编号、走向、导线规格、根数及敷设方法。

（5）对照平面图，查看系统图，分析线路的连接关系，明确配电箱的位置、相互关系及箱内电气设备安装的情况。

2. 电气安装施工图识读应注意的事项

（1）必须熟悉电气施工图的图例、符号、标注及画法。

（2）必须具有相关电气安装与应用的知识。

（3）能建立空间思维，正确确定线路走向。

（4）电气图与土建图对照识读。

（5）明确施工图识读的目的，准确计算工程量。

（6）善于发现图中的问题，在施工中加以纠正。

11.5 项目实训

一、分组

将学生进行分组，通常 3～5 人一组，选出小组负责人，下达任务。

二、讲解项目原理及具体要求

数字钟实际上是一个对标准频率（1 Hz）进行计数的计数电路。由于计数的起始时间不可能与标准时间（如北京时间）一致，故需要在电路上加一个校时电路，同时标准的 1 Hz 时间信号必须做到准确稳定。通常使用石英晶体振荡器电路构成数字钟，如图 11–18 所示。

振荡器是数字钟的核心。振荡器的稳定度及频率的精确度决定了数字钟计时的准确程度，通常选用石英晶体构成振荡器电路，如图 11–19 所示。石英晶体振荡器的作用是产生时间标准信号。因此，一般采用石英晶体振荡器经过分频得到这一时间脉冲信号。

具体要求：

（1）画出电路图，并标明具体参数。

（2）选择具体元器件，连接电路。

（3）对数字时钟进行试运行，排除故障。

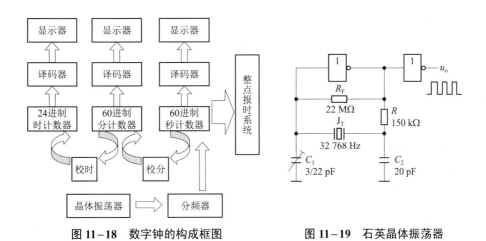

图 11-18　数字钟的构成框图　　　图 11-19　石英晶体振荡器

三、学生具体实施

学生根据项目内容，分组讨论，查阅资料，给出总体设计方案，到实验实训室进行相关测量实验。在以上过程中，教师要起主导作用，实时指导，并控制项目实施节奏，保证在规定课时内完成该项目。

四、学生展示

学生可以以电子版 PPT、图片或成品的形式对本组的项目实施方案进行阐述，对项目实施成果进行展示。

五、评价

项目评价以自评和互评的形式展开，填写项目自评互评表，教师整体对该项目进行总结，对好的进行表扬，差的指出不足。

在项目具体实施过程中，所需项目方案实施计划单、材料工具清单、项目检查单和项目评价单见书后附录 A、B、C、D。

11.6　习题及拓展训练

一、选择题

1. 同步计数器和异步计数器比较，同步计数器的显著优点是_____。

A. 工作速度高　　　　　　　　　　　B. 触发器利用率高

C. 电路简单　　　　　　　　　　　　D. 不受时钟 CP 控制

2. 五进制计数器与四进制计数器串联可得到_____进制计数器。

A. 4　　　　　　　B. 5　　　　　　　C. 9　　　　　　　D. 20

3. 下列逻辑电路中为时序逻辑电路的是_____。

A. 变量译码器　　　　　B. 加法器　　　　　C. 数码寄存器　　　　D. 数据选择器

4. N 个触发器可以构成最大计数长度（进制数）为_____的计数器。

A. N　　　　　B. $2N$　　　　　C. N^2　　　　　D. 2^N

5. N 个触发器可以构成能寄存_____位二进制数码的寄存器。

A. $N-1$　　　　B. N　　　　C. $N+1$　　　　D. $2N$

6. 同步时序电路和异步时序电路比较，其差异在于后者_____。

A. 没有触发器　　　　　　　　　　B. 没有统一的时钟脉冲控制

C. 没有稳定状态　　　　　　　　　D. 输出只与内部状态有关

7. 一位 8421BCD 码计数器至少需要_____个触发器。

A. 3　　　　　B. 4　　　　　C. 5　　　　　D. 10

8. 设计 0，1，2，3，4，5，6，7 这几个数的计数器，如果设计合理，采用同步二进制计数器，最少应使用_____级触发器。

A. 2　　　　　B. 3　　　　　C. 4　　　　　D. 8

9. 8 位移位寄存器，串行输入时经_____个脉冲后，8 位数码全部移入寄存器中。

A. 1　　　　　B. 2　　　　　C. 4　　　　　D. 8

10. 用二进制异步计数器从 0 做加法，计到十进制数 178，则最少需要_____个触发器。

A. 2　　　　　B. 6　　　　　C. 7

D. 8　　　　　E. 10

11. 某电视机水平 – 垂直扫描发生器需要一个分频器将 31 500 Hz 的脉冲转换为 60 Hz 的脉冲，欲构成此分频器至少需要_____个触发器。

A. 10　　　　　B. 60　　　　　C. 525　　　　　D. 31 500

12. 若用 JK 触发器来实现特性方程为 $Q^{n+1} = \overline{A}Q^n + AB$ ，则 JK 端的方程为_____。

A. $J=AB$ ，$K=\overline{\overline{A}+B}$　　　　　　B. $J=AB$ ，$K=A\overline{B}$

C. $J=\overline{\overline{A}+B}$ ，$K=AB$　　　　　　D. $J=A\overline{B}$ ，$K=AB$

二、判断题（正确的打"√"，错误的打"×"）

1. 同步时序电路由组合电路和存储器两部分组成。（　　　）

2. 组合电路是不含有记忆功能的器件。（　　　）

3. 时序电路是不含有记忆功能的器件。（　　　）

4. 同步时序电路具有统一的时钟 CP 控制。（　　　）

5. 异步时序电路的各级触发器类型不同。（　　　）

三、填空题

1. 寄存器按照功能不同可分为两类：_____寄存器和_____寄存器。

2. 数字电路按照是否有记忆功能可分为两类：_____、_____。

3. 时序逻辑电路按照其触发器是否有统一的时钟控制分为_____时序电路和_____时序电路。

四、设计题

1. 电路如图 11-20（a）所示，设初态 $Q=0$，将输入控制信号（如图 11-20（b）所示）加到这两个电路输入端时，画出输出端 Q 和 $\overline{Q}$ 的波形。

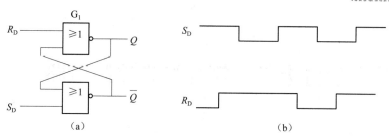

图 11-20 设计题 1 的图

2. 如图 11-21（a）所示同步 RS 触发器逻辑符号，设初态 $Q=0$，当图 11-21（b）所示的输入控制信号加到这个电路时，画出输出端 Q 和 $\overline{Q}$ 的波形。

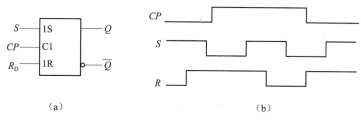

图 11-21 设计题 2 的图

3. 同步 RS 触发器的原状态为 1，R、S 和 CP 端的输入波形如图 11-22 所示，试画出对应的 Q 和 $\overline{Q}$ 的波形。

4. 设触发器的原始状态为 0，在如图 11-23 所示的 CP、J、K 输入信号激励下，试分别画出 TTL 主从型 JK 触发器和 CMOS JK 触发器输出 Q 的波形。

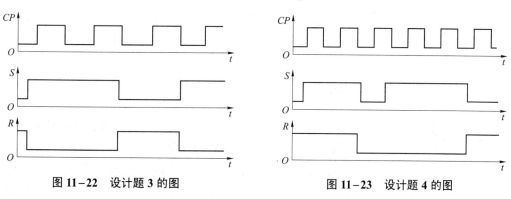

图 11-22 设计题 3 的图　　　　图 11-23 设计题 4 的图

5. 试画出由 CMOS D 触发器组成的四位右移寄存器逻辑图，设输入的 4 位二进制数码为 1101，画出移位寄存器的工作波形。

项目十二 简易灯光控制电路

12.1 项 目 目 标

知识目标

掌握 555 定时器的工作原理，熟悉 555 定时器的典型应用。

能力目标

熟悉示波器的使用方法，熟悉脉冲源的使用方法。

情感目标

培养学生的团队意识和创新能力。

12.2 工 作 情 境

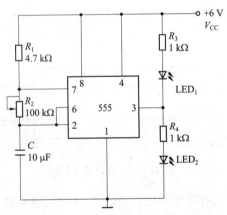

图 12-1 555 定时器组成的简易灯光控制电路

图 12-1 所示电路闪光灯装置可作花盆、鱼缸或玩具的装饰。电路接成典型的无稳态多谐振荡器，当 3 脚为高电平时，LED_2 亮，LED_1 暗；当 3 脚为低电平时，LED_1 亮，LED_2 暗。调节 R_2 电位器，可改变发光二极管的闪光频率，3 脚电压在 0～6 V 间变化。

要想理解上述电路的工作原理，学生必须要掌握 555 定时器的工作原理及应用的相关知识，本章将对以上内容进行详细介绍，希望学生在学习完成后能够在图 12-1 的基础上有所创新。

12.3 理 论 知 识

12.3.1 555 定时器的工作原理

555 定时器是一种多用途的数字 – 模拟混合集成电路，利用它能极方便地构成施密特触发器、单稳态触发器和多谐振荡器。由于使用灵活、方便，所以 555 定时器在波形的产生与交换、测量与控制、家用电器、电子玩具等许多领域中都得到了广泛应用。自从 Signetics 公司于 1972 年推出这种产品以后，国际上主要的电了器件公司也都相继地生产了各白的 555 定时器产品。尽管产品型号繁多，但是所有双极型产品型号最后的 3 位数码都是 555，所有 CMOS 产品型号最后的 4 位数码都是 7555。而且，它们的功能和外部引脚排列完全相同。

555 定时器的内部结构如图 12-2 所示。

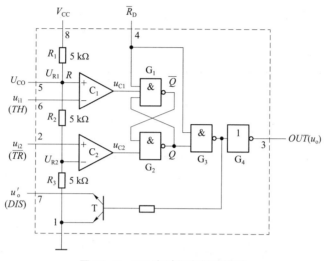

图 12-2　555 定时器内部结构图

555 定时器的功能主要由两个比较器决定。两个比较器的输出电压控制 RS 触发器和放电管的状态。在电源与地之间加上电压，当 5 脚悬空时，则电压比较器 C_1 的同相输入端的电压为 $2V_{CC}/3$，C_2 的反相输入端的电压为 $V_{CC}/3$，若触发输入端 $\overline{TR}$ 的电压小于 $V_{CC}/3$，则比较器 C_2 的输出为 0，可使 RS 触发器置 1，使输出端 $OUT=1$。如果阈值输入端 TH 的电压大于 $2V_{CC}/3$，同时 $\overline{TR}$ 端的电压大于 $V_{CC}/3$，则 C_1 的输出为 0，C_2 的输出为 1，可将 RS 触发器置 0，使输出为 0 电平。

555 定时器芯片外形如图 12-3 所示，其集成芯片引脚图及封装图如图 12-4 所示。

它的各个引脚功能如下：

1 脚：外接电源负端 V_{SS} 或接地，一般情况下接地。

8 脚：外接电源 V_{CC}，双极型时基电路 V_{CC} 的范围是 4.5～16 V，CMOS 型时基电路 V_{CC} 的范围为 3～18 V，一般用 5 V。

3 脚：输出端 u_o。

2 脚：$\overline{TR}$ 低触发端。

6 脚：TH 高触发端。

4 脚：直接清零端。若此端接低电平，则时基电路不工作，此时不论 $\overline{TR}$、TH 处于何电平，时基电路输出为"0"，该端不用时应接高电平。

5 脚：控制电压端。若此端外接电压，则可改变内部两个比较器的基准电压，当该端不用时，应将该端串入一只 0.01 μF 电容接地，以防引入干扰。

7 脚：放电端。该端与放电管集电极相连，用作定时器时电容的放电。

在 1 脚接地，5 脚未外接电压，两个比较器 C_1、C_2 基准电压分别为 u_{i1}、u_{i2} 的情况下，

555 时基电路的功能如表 12-1 所示。

表 12-1　555 定时器的功能

清零端	高触发端 TH	低触发端 $\overline{TR}$	OUT	DIS
0	×	×	0	通
1	$> \dfrac{2}{3}V_{CC}$	$> \dfrac{1}{3}V_{CC}$	0	通
1	$< \dfrac{2}{3}V_{CC}$	$> \dfrac{1}{3}V_{CC}$	保持	保持
1	$< \dfrac{2}{3}V_{CC}$	$< \dfrac{1}{3}V_{CC}$	1	断

从 555 定时器的功能表可以看出：

（1）555 定时器有两个阈值电平，分别是 $\dfrac{1}{3}V_{CC}$ 和 $\dfrac{2}{3}V_{CC}$。

（2）输出端为低电平时三极管 T 导通，7 脚输出低电平；输出端为高电平时三极管 T 截止，如果 7 脚接一个上拉电阻，7 脚输出为高电平。所以当 7 脚接一个上拉电阻时，输出状态与 3 脚相同。

为了便于记忆：2 脚—$\overline{S}$（低电平置位）；6 脚—R（高电平复位）。

12.3.2　555 定时器引脚的功能及引脚图

555 定时器的 8 脚是集成电路工作电压输入端，电压为 5～18 V，以 V_{CC} 表示；从分压器上看出，上比较器 C_1 的 5 脚接在 R_1 和 R_2 之间，所以 5 脚的电压固定在 $2V_{CC}/3$ 上；下比较器 C_2 接在 R_2 与 R_3 之间，C_2 的同相输入端电位被固定在 $V_{CC}/3$ 上。

1 脚为地；2 脚为触发输入端；3 脚为输出端，输出的电平状态受触发器控制，而触发器受上比较器 6 脚和下比较器 2 脚的控制。

当触发器接受上比较器 C_1 从 R 脚输入的高电平时，触发器被置于复位状态，3 脚输出低电平；

2 脚和 6 脚是互补的，2 脚只对低电平起作用，高电平对它不起作用，即电压小于 $\dfrac{1}{3}V_{CC}$，此时 3 脚输出高电平。6 脚为阈值端，只对高电平起作用，低电平对它不起作用，即输入电压大于 $\dfrac{2}{3}V_{CC}$，称高触发端，3 脚输出低电平，但有一个先决条件，即 2 脚电位必须大于 $\dfrac{1}{3}V_{CC}$

图 12-3　555 定时器芯片外形图

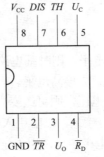

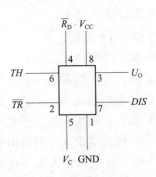

图 12-4　555 定时器集成芯片引脚图及封装图

时才有效。3 脚在高电位接近电源电压 V_{CC}，输出电流最大可达 200 mA。

4 脚是复位端，当 4 脚电位小于 0.4 V 时，不管 2、6 脚状态如何，输出端 3 脚都输出低电平。

5 脚是控制端。

7 脚称放电端，与 3 脚输出同步，输出电平一致，但 7 脚并不输出电流，所以 3 脚称为实高（或低）、7 脚称为虚高。

12.3.3 555 定时器的应用

一、555 定时器构成单稳态触发器

1. 单稳态触发器

单稳态触发器的工作特点：

（1）电路在没有触发信号作用时处于一种稳定状态。

（2）在外来触发信号作用下，电路由稳态翻转到暂稳态。

（3）由于电路中 RC 延时环节的作用，暂稳态不能长时间保持，经过一段时间后，电路会自动返回到稳态。暂稳态的持续时间仅与 RC 参数值有关。

单稳态触发器的分类：

（1）按电路形式不同：门电路组成的单稳态触发器、MSI 集成单稳态触发器、用 555 定时器组成的单稳态触发器。

（2）按工作特点划分：不可重复触发单稳态触发器、可重复触发单稳态触发器。

2. 555 定时器构成的单稳态触发器

图 12-5 为由 555 定时器和外接定时元件 R、C 构成的单稳态触发器。D 为钳位二极管，稳态时 555 电路输入端处于电源电平状态，内部放电开关管 T 导通，输出端 u_o 输出低电平，当有一个外部负脉冲触发信号加到 u_i 端，并使 2 端电位瞬时低于 $\frac{1}{3}V_{CC}$，低电平比较器动作，单稳态电路即开始一个稳态过程，电容 C 开始充电，U_C 按指数规律增长。当 U_C 充电到 $\frac{2}{3}V_{CC}$ 时，高电平比较器动作，比较器 C_1 翻转，输出 u_o 从高电平返回低电平，放电开关管 T 重新导通，电容 C 上的电荷很快经放电开关管放电，暂态结束，恢复稳定，为下个触发脉冲的到来做好准备。单稳态触发器的波形图如图 12-6 所示。

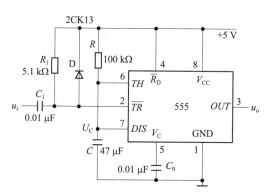

图 12-5　555 定时器构成的单稳态触发器原理图

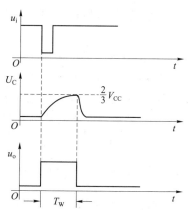

图 12-6　单稳态触发器的波形图

暂稳态的持续时间 T_W（即为延时时间）决定于外接元件 R、C 的大小：

$$T_\text{W}=1.1RC$$

通过改变 R、C 的大小，可使延时时间在几个微秒和几十分钟之间变化。

这里要注意 R 的取值不能太小，若 R 太小，当放电管导通时，灌入放电管的电流太大，会损坏放电管。当这种单稳态电路作为计时器时，可直接驱动小型继电器，并可采用复位端接地的方法来终止暂态，重新计时。此外需用一个续流二极管与继电器线圈并接，以防继电器线圈反电势损坏内部功率管。

单稳态触发器可作为失落脉冲检出电路，对机器的转速或人体的心律（呼吸）进行监视，当机器的转速降到一定限度或人体的心律不齐时就发出报警信号。

二、555 定时器构成施密特触发器

1. 施密特触发器

施密特触发器电压传输特性及符号如图 12-7、图 12-8 所示，它的工作特点如下：

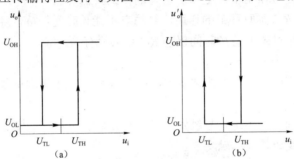

图 12-7　施密特触发器的传输特性

（a）同相型；　（b）反相型

图 12-8　施密特触发器的符号

（a）同相型；　（b）反相型

（1）施密特触发器属于电平触发器件，当输入信号达到某一定电压值时，输出电压会发生突变。

（2）电路有两个阈值电压。输入信号增加和减少时，电路的阈值电压分别是正阈值电压（U_TH）和负阈值电压（U_TL）。

2. 555 定时器构成施密特触发器

555 定时器构成的施密特触发器如图 12-9 所示。

（1）$u_\text{i}=0\,\text{V}$ 时，u_o1 输出高电平。

（2）当 u_i 上升到 $\frac{2}{3}V_\text{CC}$ 时，u_o1 输出低电平。当 u_i 由 $\frac{2}{3}V_\text{CC}$ 继续上升，u_o1 保持不变。

（3）当 u_i 下降到 $\frac{1}{3}V_\text{CC}$ 时，电路输出跳变为高电平，而且在 u_i 继续下降到 $0\,\text{V}$ 时，电路的这种状态不变。

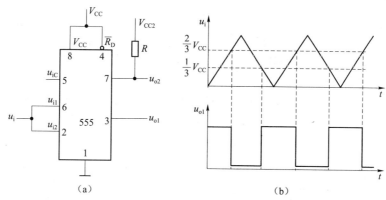

图 12-9 555 定时器构成施密特触发器

（a）电路图；（b）波形图

图 12-9 中，若在 5 脚控制电压输入端外加控制电压 U_{CO}，则可改变内部电路比较器 C_1、C_2 的参考电压，也就改变了 U_{TH}、U_{TL} 的值，则 R、V_{CC2} 可以构成另一输出端 u_{o2}，其高电平可以通过改变 V_{CC2} 进行调节。

三、555 定时器构成多谐振荡器

1. 多谐振荡器

多谐振荡器又称为无稳态触发器，它没有稳定的输出状态，只有两个暂稳态。在电路处于某一暂稳态后，经过一段时间可以自行触发翻转到另一暂稳态。两个暂稳态自行相互转换而输出一系列矩形波。多谐振荡器可用作方波发生器。

多谐振荡器的基本组成：

（1）开关器件：产生高、低电平。

（2）反馈延迟环节（RC 电路）：利用 RC 电路的充放电特性实现延时，输出电压经延时后，反馈到开关器件输入端，改变电路的输出状态，以获得脉冲波形输出。

多谐振荡器的工作特点：

（1）不需要外加输入触发信号。

（2）无稳态，只有两个暂稳态。

（3）接通电源便能自动输出矩形脉冲。

多谐振荡器的电路形式较多，下面主要介绍由 555 定时器构成的多谐振荡器。

2. 555 定时器构成多谐振荡器

由 555 定时器构成的多谐振荡器电路及工作波形如图 12-10 所示。

接通电源后，假定 $\overline{R_D}$ 是高电平，则放电管 T 截止，电容 C 充电。充电回路是 V_{CC}—R_1—R_2—C—地，按指数规律上升，当 U_C 上升到 $\frac{1}{3}V_{CC}$ 时（TH 端电平大于 $\frac{1}{3}V_{CC}$），输出由 0 翻转为 1。当 U_C 上升到 $\frac{2}{3}V_{CC}$ 时，触发器复位为 0，则定时器输出为 0，此时 $\overline{R_D}$ 是低电平，放电管 T 导通，C 放电，放电回路为 C—R_2—T—地，按指数规律下降，当 U_C 下降到 $\frac{1}{3}V_{CC}$ 时（TH 端电平小于 $\frac{1}{3}V_{CC}$），输出翻转为高电平，放电管 T 截止，电容再次充电，如此周而复始，

产生振荡，经分析可得：

输出高电平的时间 $t_{PH}=(R_1+R_2)\,Cln2$

输出低电平的时间 $t_{PL}=R_2Cln2$

振荡周期 $T=(R_1+2R_2)\,Cln2$

本项目开头给出的 555 定时器简易灯光控制电路就是一个多谐振荡器，输出波形的占空比可以通过调节电阻 R_2 来实现，也就可以调节两个 LED 灯的闪烁频率。

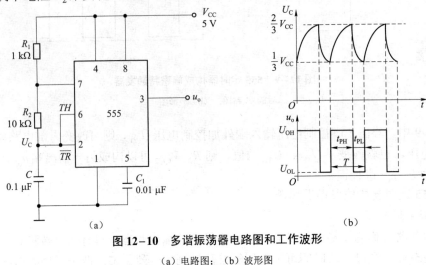

（a）

图 12-10 多谐振荡器电路图和工作波形

（a）电路图；（b）波形图

12.4 实践知识——集成电路常识

有关集成电路的常识请参见《电工电子技术实训指导书》。

12.5 项目实施

一、分组

将学生进行分组，通常 3～5 人一组，选出小组负责人，下达任务。

二、讲解项目原理及具体要求

简易灯光控制电路的主要构成部分就是 555 定时器，使用 555 定时器构成一个多谐振荡器，产生一个占空比可调的方波，该方波驱动发光二极管闪烁。

具体要求：

（1）画出电路图，并标明具体参数。

（2）选择具体元器件，连接电路。

（3）对电路进行测量，使用示波器记录输出波形。

三、学生具体实施

学生根据项目内容，分组讨论，查阅资料，给出总体设计方案，到实验实训室进行相关测量实验。在以上过程中，教师要起主导作用，实时指导，并控制项目实施节奏，保证在规定课时内完成该项目。

四、学生展示

学生可以以电子版 PPT、图片或成品的形式对本组的项目实施方案进行阐述，对项目实施成果进行展示。

五、评价

项目评价以自评和互评的形式展开，填写项目自评互评表，教师整体对该项目进行总结，对好的进行表扬，差的指出不足。

在项目具体实施过程中，所需项目方案实施计划单、材料工具清单、项目检查单和项目评价单见书后附录 A、B、C、D。

12.6 习题及拓展训练

1. 用施密特触发器能否寄存 1 位二值数据，请说明理由。

2. 在图 12-9 用 555 定时器接成的施密特触发器电路中，试求：

（1）当 V_{CC}=12 V 而且没有外接控制电压时，U_{T+}、U_{T-} 及 ΔU_T 值。

（2）当 V_{CC}=9 V，外接控制电压 U_{CO}=5 V 时，U_{T+}、U_{T-}、ΔU_T 各为多少。

3. 在使用如图 12-11 由 555 定时器组成的单稳态触发器电路时对触发脉冲的宽度有无限制？当输入脉冲的低电平持续时间过长时，电路应作何修改？

4. 试用 555 定时器设计一个单稳态触发器，要求输出脉冲宽度在 1～10 s 的范围内可手动调节，给定 555 定时器的电源为 15 V。触发信号来自 TTL 电路，高低电平分别为 3.4 V 和 0.1 V。

5. 在如图 12-12 所示用 555 定时器组成的多谐振荡器电路中，若 R_1=R_2=5.1 kΩ，C=0.01 μF，V_{CC}=12 V，试计算电路的振荡频率。

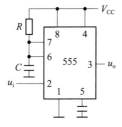 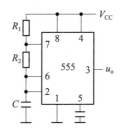

图 12-11 习题 3 的图　　图 12-12 习题 5 的图

6. 试说明多谐振荡器的工作特点，并说明该电路的主要用途。

附　　录

附录 A　项目方案实施计划单

项目名称			
小组成员		学时	
计划方式	小组讨论、团结协作共同制订方案		
序号	实施步骤		使用仪器、器件或工具
制订计划说明			
计划评价	班级	第　组	组长签字	
	教师签字		日期	
	评语：			

附录B 材料工具清单

项目名称							
学习情境1				学时			
项目	序号	名称	作用	数量	型号	使用前	使用后
所用设备	1						
所用仪器	1						
	2						
所用工具	1						
	2						
	3						
	4						
	5						
所用元器件	1						
	2						
	3						
	4						
所用材料	1						
班　级	第　组	组长签字			教师签字		

附录 C 项目检查单

学习领域					
学习情境 1			学时		
序号	检查项目	检 查 标 准		学生自检	教师检查
1	原理或方案问题	回答要认真、准确			
2	布局和结构	布局合理，结构紧凑，控制方便，美观大方			
3	元器件的排列和固定	排列整齐，元器件固定可靠、牢固			
4	布线	横平竖直，转弯成直角，少交叉；多根导线并拢平行走			
5	接线	接线正确、牢固，敷线平直整齐，无漏铜、反圈、压胶，绝缘性能好，外形美观			
6	整个电路	没有接出多余线头，每条线严格按要求来接，每条线都没有接错位			
7	元器件安装	元器件的安装正确			
8	照明电路是否可以正常工作	开关、插座、白炽灯泡都正常工作			
9	会用仪表检查电路	会用万用表检查照明线路和元器件的安装是否正确			
10	故障排除	能够排除照明电路的常见故障			
11	工具的使用和原材料的用量	工具使用合理、准确，摆放整齐，用后归放原位；节约使用原材料，不浪费			
12	安全用电	注意安全用电，不带电作业			

检查评价	班级		第 组	组长签字	
	教师签字			日期	
	评语：				

附录 D 项目评价单

项目名称					
小组成员				学时	
评价类别	项目	子项目	个人评价	组内互评	教师评价
专业能力（60%）	资讯（10%）	搜集项目资料			
		项目原理理解			
	计划（5%）	方案可执行度			
		材料工具安排			
	实施（20%）	操作规范			
		功能实现			
		线路美观			
		安全用电			
		创意和拓展性			
	检查（10%）	全面性、准确性			
		故障的排除			
	过程（5%）	使用工具规范性			
		操作过程规范性			
		工具和仪表使用管理			
	结果（10%）	结果质量			
社会能力（20%）	团结协作（10%）	小组成员合作良好			
		对小组的贡献			
	敬业精神（10%）	学习纪律性			
		爱岗敬业、吃苦耐劳精神			
方法能力（20%）	计划能力（10%）				
	决策能力（10%）				
评价评语	班级	姓名		学号	总评成绩
	教师签字	第　组	组长签字		日期
	评语：				

参 考 文 献

[1] 宋玉阶，吴建国，张彦，曹阳. 电工与电子技术 [M]. 武汉：华中科技大学出版社，2012.

[2] 刘耀元. 电工电子技术 [M]. 第3版. 北京：北京理工大学出版社，2014.

[3] 毕淑娥. 电工与电子技术基础 [M]. 哈尔滨：哈尔滨工业大学出版社，2013.

[4] 李溪冰. 电工电子技术基础 [M]. 北京：机械工业出版社，2008.

[5] 申风琴. 电工电子技术及应用 [M]. 第2版. 北京：机械工业出版社，2008.

[6] 贺力克. 模拟电子技术项目教程 [M]. 北京：机械工业出版社，2012.

[7] 焦素敏. 数字电子技术基础 [M]. 第2版. 北京：人民邮电出版社，2012.

[8] 陈昌建，王忠良. 汽车电工电子技术 [M]. 大连：大连理工大学出版社，2009.

[9] 任万强. 电工电子技术实验与实训 [M]. 北京：水利水电出版社，2008.

[10] 冯广森. 电工技术实验指导书 [M]. 西安：西安电子科技大学出版社，2013.